U0174469

重访民族志丛书

何 明 高志英 主编

服饰与仪式

黔中"蒙榜"苗族的情感表达

靳志华 胡易雷 著

商务印书馆
The Commercial Press

图书在版编目（CIP）数据

服饰与仪式：黔中"蒙榜"苗族的情感表达 / 靳志华，胡易雷著 . — 北京：商务印书馆，2023

（重访民族志丛书）

ISBN 978-7-100-22067-5

Ⅰ.①服… Ⅱ.①靳… ②胡… Ⅲ.①苗族—民族服饰—研究—中国②苗族—礼仪—研究—中国 Ⅳ.① TS941.742.816 ② K892.26

中国国家版本馆 CIP 数据核字（2023）第 037912 号

重访民族志丛书

服饰与仪式

黔中"蒙榜"苗族的情感表达

靳志华　胡易雷　著

商 务 印 书 馆 出 版

（北京王府井大街 36 号　邮政编码 100710）

商 务 印 书 馆 发 行

江苏凤凰数码印务有限公司印刷

ISBN 978-7-100-22067-5

2023 年 3 月第 1 版　　开本 880×1240 1/32

2023 年 3 月第 1 次印刷　　印张 6

定价：58.00 元

探寻发现社会文化新知识的另一条路径

——《重访民族志丛书》总序

　　田野工作是人类学最主要的知识生产方式。受实验科学和实证主义思潮的影响,1898 年至 1899 年剑桥大学教授哈登率领考察队赴托雷斯海峡调查,开启了人类社会文化研究的新时代。后经由英国功能主义学派代表人物马林诺夫斯基等人的归纳、完善与倡导,田野工作成为人类学认知与解释人类社会文化、生产新知识的必经之路。田野工作的地方,即所谓"田野点",往往被视为人类学知识生产的起点和源头。

　　有些田野点在某项调查研究完成之后,仍然被该项调查研究者或其他研究者作为调查研究对象,即进行所谓"再研究",继续着社会文化的知识生产。再研究的一种模式为追踪研究,即研究者对自己的田野点"回访"。许多人类学家会在某一个田野点完成调查研究并出版民族志成果之后,或连续或间断地返回该田野点进行调查研究,如林德夫妇(Robert Lynd and Helen Lynd)对于中镇(Middle-town)的回访、雷蒙德·弗思(Raymond Firth)对于提科皮亚(Tikopia)的回访、玛格丽特·米德(Margaret Mead)对于南太平洋的美纳斯人(Manus)的回访、费孝通对于开弦弓村和大瑶山的回访、林耀华对于黄村和凉山的回访等。在这一模式中,人类学家与其田野点在一定时间内持续着研究与被研究的关系。另外的一种模式为接续研究,即其他研究者对他人调查的田野点的"重访"。一些人类学家曾经调查研究过的田野点受到其他人类学家的关注和调查研究,如罗伯特·雷德菲尔德(Robert Red-field)对玛格丽特·米德著作《萨摩亚人的成年》田野点的研究、庄孔韶对林耀华《金翼》田野点的研究、周大鸣对葛学溥(Daniel Harrison Kulp)《华南的乡村生活》田野点的研究、褚建芳对田汝康《芒市边民的摆》田野点的研究、梁永佳等人对许烺光《祖荫下》田野点的研究等等。关于再研究的知识生产意义已有为数不少的学者做了比较深入的论述①,在此不再赘述,仅引他人的论说以明之:"在社会人类学形成时期所做的许多研究,其资料犹如分散的岛屿一般,彼此是孤立的。这些研究之所以有价值是因为它们提供了人类社会的各种实例,人们可以把这些实例作为基础来研究社会的一般理论。但是,如果研究都是孤立的,那么,对社会过程的了解无论是从实际知识的角度或从科学分析的角度来说,其作用都是有限的。有关具体地区的一些资料很快会过时,它们只能提供关于变迁的可能性和原因方面的一些推测,因为每一具体地区的资料只能描述某一个时期的情况。然而,如果后来,同一个作者或其他作者,在过去研究的基础上能继续以同样的精确性对同一个社会进行描述,情况就会大不相同。从不同阶段的比较就能得出关于社会过程的有效成果,其价值也就超过各个孤立的研究。"②

云南大学人类学、民族学和社会学一直秉持"从实求知"的学术传统,从 20 世纪 30 年代末至 40 年代中期的"魁阁时代",到 21 世纪初的"跨世纪云南少数民族村寨调查""中国少数民族农村调查"及近些年开

---

① 参见庄孔韶等:《时空穿行:中国乡村人类学世纪回访》(北京:中国人民大学出版社,2004 年),潘乃谷、王铭铭:《重归"魁阁"》(北京:社会科学文献出版社,2005 年)。

② 葛迪斯:《共产党领导下的中国农民生活——对开弦弓村的再调查》,载费孝通:《江村农民生活及其变迁》,兰州:敦煌文艺出版社,1997 年。

展的西南民族志、边疆民族志、东南亚及其他区域的海外民族志研究，始终把田野工作作为人类学和民族学知识生产的基础和人才培养的重点，并努力探索推动从田野工作激发知识创新的新路径。

探索之一是"村民日志"及其后出版的《新民族志实验丛书》（中国社会科学出版社出版第一辑，学苑出版社出版第二辑）。从 2003 年至今，云南大学民族学与社会学学院在云南少数民族农村建设了 14 个调查研究基地，该项目的内容之一是请当地村民从"我者"的视角记录本村发生的事情，目的是释放被遮蔽或压抑的文化持有者的话语权，使其拥有自主的文化叙述与解释权利，形成独特的文化持有者的文化撰写模式。

探索之二是《反思民族志丛书》（人民出版社出版）。负责各调查基地的老师撰写反思民族志，就村寨的社会文化与村民进行"对话"。如果说"村民日志"是文化持有者的"单音位"的"独唱"，那么《反思民族志丛书》则力求为研究者和研究对象搭建起共同的"多音位"的"对唱"与"合唱"的舞台。通过来自异文化的学者与文化持有者村民分别对村寨的社会文化的解释并形成讨论或互文，呈现研究者与研究对象之间交互主体性的建构过程及其所达成的程度，反思中国学者研究中国的民族志知识生产。

探索之三是田野调查基地的回访。我们最早的田野调查基地建于 2003 年，交由相关教师负责管理并开展持续的跟踪调查研究，以改变国内许多田野调查"一次性"的状况。在这一过程中，有的教师因工作变动或其他原因中途退出，但多数田野点负责人一直坚持下来，他们与其负责的田野调查基地村民保持着密切的互动关系，并经常返回田野调查基地调查。迄今，有的学者对田野调查基地已进行了持续近二十年的跟踪研究，发表了一系列高质量成果，产出了一些具有原创性的知识和思想。我认为，这一探索对于推动田野调查和社会文化解释的细化和深化，促进中国人类学和民族学知识创新，成效非常显著。

探索之四是重返前辈学者田野点的再研究，成果即本套丛书。我们鼓励与支持一批学者重返前辈学者的田野点进行再调查和再研究，接续人类学和民族学中国研究的学术脉络，呈现与解释社会文化变迁，与先贤们进行学术交流与对话，以期能够对中国社会文化研究提供新见解、新知识和新方法。

是以为序。

2021 年 3 月 20 日于白沙河寓所

目 录

导　论

一、从鸟居龙藏到"蒙榜"苗族

　　1905年，日本人类学家鸟居龙藏（以下简称"鸟居"）游历中国西南诸省，走访调查生活于此的苗族、瑶族、彝族。归国后，鸟居以其观察所得，旁征古今中西图籍，著成《苗族调查报告》一书。书中记述了苗族的族源识别、体质特征、风俗习惯、语言等内容，成为贵州苗族研究乃至苗学研究真正意义上的第一部专著，影响深远。

　　可以说，鸟居的《苗族调查报告》是一部介绍苗族群体的"游历式"记录文献，基本上沿着入黔交通线散点（重安江、青岩、惠水、安顺等地）调查记录，并没有选择固定的村寨对其诸如社会制度及运转等方面进行较为深入的研究与分析，总体上是走马观花式的感官呈现和记述。不可否认的是，尽管囿于年代背景以及当时学科的主流研究倾向，鸟居沿袭鲁思·本尼迪克特（Ruth Benedict）等学人从心理学、体质学、人种学等学科角度对苗族族体进行划分，厘清了苗族族体的广义与狭义之别，界定了"纯苗"构成的五个支系——红苗、青苗、白苗、黑苗、花苗，仍有其开创之功。

　　书中，鸟居对苗族的服饰花纹及审美格外关注，从他对黔中一带苗人服饰的详述中可见一斑。尤其是他独辟专章介绍该地的绣布花纹，以采集的衣服，包括小儿背带、胸布、围裙等实物为例，描述其中的色彩搭配与造型织法，并将其与铜鼓花纹做比较，沉迷于苗人刺绣上的纹饰图案及其呈现的情感性格意象。他认为"彼等表现于刺绣上之意匠，为连续花纹，色彩为一种阴郁之表现，……彼等刺绣上所表现之性格，即为柔软阴郁，与表现于笙之音律之沉静、阴郁同一也"[1]。继而以此推断出苗族的性格——"综合此种事实考之，苗族之性质实极阴郁"[2]，"此不可谓非苗人之人种心理学上最应注目之事实也"[3]。与此同时，鸟居将苗族服饰花纹造型与其族源迁徙（与汉人相比）、民族性格进行关联，也开启了民族服饰研究的新路径。

通观鸟居的《苗族调查报告》，书中通过对黔中一带苗人服饰花纹造型与色彩应用的记述得出苗族性格"柔软阴郁"的特质，值得追问与商榷。事实上，鸟居对苗族整体性性格的认识，忽视和混淆了苗族不同方言区群体性格的具体表达，同时也遮蔽了苗族性格的多重呈现。苗族东、中、西部三个方言区群体，基于地理环境和社会环境的差异，各自群体行为有别。东部方言区（湘西、黔东南）是苗族聚居的大本营，也是最早与中央王朝接触的群体。尤其是㵲阳河和清水江一带的苗人，在与中原汉人交往的过程中，既有摩擦冲突，也有文化上的交流与互动；既有硝烟弥漫的战事，也有热情欢快的歌舞。而中西部方言区就有所不同，特别是西部方言区苗族，他们的情感世界中"迁徙与游离"是主旋律，我们从悲怆的《亚鲁王》古歌，从呜咽的

---

[1] 鸟居龙藏：《苗族调查报告》，国立编译馆译，贵阳：贵州大学出版社，2009年，第192页。
[2] 鸟居龙藏：《苗族调查报告》，国立编译馆译，贵阳：贵州大学出版社，2009年，第260页。
[3] 鸟居龙藏：《苗族调查报告》，国立编译馆译，贵阳：贵州大学出版社，2009年，第192页。

芦笙曲中就能感受一二。他们也是逃避王朝统治，"游"得最深、"游"得最远（至东南亚、欧美）的群体。鸟居在调查报告中所接触的主要是中西部方言区的这部分群体，通过走访调查，从他们的服饰纹样及铜鼓芦笙乐调中得出苗族的"整体性"性格——柔软阴郁。由此看来，经历了漫长的岁月迁徙，才有了现在我们对苗族的认识，但对苗族性格的界定，并不能一概而论，也不能忽视内在的群体差异性和他们丰富的情感世界表达。

对于情感，不同的学科亦有不同的理解与看法。在《心理学大辞典》中，情感被解释为"人对事物是否满足自己的需要而产生的态度体验"。美国心理学家普里布拉姆（Karl Pribram）认为情绪和情感相比较，情绪着重于描述情绪过程的外部表现及其可测量的方面。历史学家史华罗（Paolo Santangelo）认为情感是人类集体意象的反映，通过人类行为得以表达，并将人类行为合理化。因此，情感是与特定社会文化密切相关的一种社会现象，情感既由特定社会文化所塑造，又反过来影响特定社会的文化面貌和文化进程。而在《情感社会学》一书中，特纳从社会学的视角认为情感包括以下成分：（1）关键的身体系统的生理激活；（2）社会建构的文化定义和限制，它规定了在具体情境中情感应如何体验和表达；（3）由文化提供的语言标签被应用于内部的感受；（4）外显的面部表情、声音和副语言表达；（5）对情境中客体或事件的知觉与评价。此外，由于受到人类学诸多理论影响，情感的研究基本遵循两大范式，或被视为人类普同的心理生理反应，或被视为人类社会文化塑造的产物。

情感与人的社会性需求相关，是受到社会文化的影响而形成的稳定的生活体验，与家族及族群关系以及日常情理密切相关。在某些特定的文化场景中形成集体记忆，不受外界影响而内化于心，如在祭祀场景中的祖先崇拜、服饰纹样中的图腾崇拜等，深沉而久远，不会轻易改变。同时，情感也是人社会能动性的体现，与自我表述相联系，主要受到社会环境、生活方式、文化教养等影响和制约，如不同的人对认同感、羞耻感、剥夺感、责任感等的认知与理解不同。

基于这些认识，我们认为情感是在特定的文化系统中，实践主体在社会实践中自我表述时而产生的具有一定持续性的生理心理状态。情感具有鲜明的文化属性，不同主体间的情感体验和感受要放置在特定社会文化时空的互动中去理解分析。这种情感既包括个体间情感如父子、母女、姊妹、兄弟、恋人等之间的情感，又包括与之关联的家族、村寨，以及族群等集体情感。

黔中是贵州的政治、文化、经济中心，自元代起，苗族黔中南支系就与朝廷有着较深的接触，汉族文人对这部分苗族的认识和了解也较为丰富。此外，对这一片区最早的记载始见于《安顺府志》，平坝县清道光年间的《安平县志》亦载："世为蛮夷所居"，但是境内的苗族来自何朝代，《安顺府志》和旧县志均未明确。旧县志《民生志》载："苗族来自放逐者，有'窜三苗'之文，苗族即'三苗'因窜逐始南来，惟这一片区之苗族，确来自何年，则不可考。"并且，《元史·本纪》记载，至元二十九年（1292），"正月丙午，从葛蛮军民安抚使宋子贤请，招谕未附平伐、大瓮眼、紫江、皮陵、潭溪、九堡等处诸洞猫蛮"。据前辈考证，这里的"猫蛮"，即是汉人称的"苗"。其中平伐在今贵定，紫江在龙里、贵定、开阳三县交界处，瓮眼在龙里，潭溪和九堡则在今天新添寨、乌当附近，而皮陵就在高坡。可见，在这些古籍中有一共同点，即皆粗略提及，并未详细记载这一地区苗族的迁徙史。

尽管如此，在一些古籍碎片化的文字记载中仍能发现这一片区苗族称谓。《元史·本纪》记载：泰定二年（1325）二月，"丁亥，平伐苗酋的娘率其户十万来降，土官三百六十人请朝"。在元朝的文献中，这一片区的苗族已有称呼，叫作"平伐苗"。在明朝的文献中，也能看到对于高坡及其周边苗族的称呼和记载。《明史·英宗》记载：天顺三年（1460），"夏四月，己巳，南和侯方瑛克贵州苗"。《明史·方瑛传》记载：天顺二年（1459），"东苗干把猪等僭伪号，攻都匀诸卫，命瑛与巡抚白圭，合川、湖、云、贵军讨之，克六百余寨，边方悉定"。《明史·李震传》："天顺中复以瑛平贵东苗干把猪。"《明史·白圭传》记载："天顺二年，贵州东苗干把猪等僭号，攻劫都匀诸处，诏进右副都御使，赞南和侯方瑛往讨，圭以谷种诸夷为东苗羽翼，先剿破四百七十余寨……乘胜攻六美山，干把猪就擒，诸苗震詟。"可见，这一方言区的苗族被称作"贵州苗"或"东苗"。在清代的文献中，又把平坝及其周边的苗族称为"白苗"，如《黔书》载："白苗在龙里县，亦名东苗、西苗。服饰皆尚白，性戆而厉，转徙不恒。多为人雇役垦佃，往往负租而逃。男子科头赤足，妇女盘髻长簪。"《贵阳府志》又有："白苗在府属者居中曹司高坡、石板诸寨，在龙里者居东苗坡、上中下三牌、大小谷朗诸寨，在贵定者居摆成、摆布、甲佑诸寨。"

万历末年成书的郭子章《黔记》中，引用了江进之吟诵黔中各族民风的组诗，才首次提到"花苗"这一名称。这个群体分布面积并不广，主要在原水西土司"水外六目的"的东南边缘，以及明代金筑司辖境的东北角，今贵阳市花溪区辖境的西部。历史上，对黔中花溪、平坝这一片区苗族的称呼并不统一。据《安顺续修府志》《贵州通志》记载，这一片区的苗族以"苗"作为称谓最早见于宋代，如居住在平坝的苗族称为"西苗"，清代又将这一区域的苗族称为"坝苗""水西苗"。而在清康熙初年陈鼎的《黔游记》中，叙述黔省"苗蛮"种类时，已提及"花苗"和"青苗"等。此外田雯的《黔书》对花苗、青苗的习俗做了详细的介绍，并对花苗称谓的来源进行了记载："花苗在新贵县广顺州。男女折败布缉条以织衣，无衿窍，而纳诸首，以青兰布裹头。少年缚楮皮于额，婚乃去之。妇人敛马鬃尾杂人发为髲，大如斗，笼以木梳，裳服先用蜡绘花于布，而后染之，既染，去蜡则花见。饰袖以锦，故曰'花苗'。"陆次云《峒溪纤志》中描述："苗人，盘瓠之种也……尽夜郎境多有之。有白苗、花苗、青苗、黑苗、红苗。苗部所衣各别以色，散处山谷，聚而成寨。"李宗昉《黔记》中记载："花苗，衣用败布缉条织成，青白相间，无领袖。"

事实上，"蒙榜"是黔中"花苗"的自称。[①]"蒙榜"苗族女性尤其擅长挑花刺绣，其盛装服饰颜色艳丽，且多为挑花图案，当地人俗称"花衣服"[②]。黔中"蒙榜"苗族现今主要分布在贵阳市的花溪区、南明区、云岩区、乌当区、白云区、清镇市、修文县，贵安新区以及黔南州的龙里县等地，其服饰、饮食、习俗和语言相同，是同一个方言区苗族群体的统称。整体而言，黔中"蒙榜"苗族相对其他支系的苗族，居住环境较好，多居住在土地肥沃的平坦之地，如贵安新区马场镇新寨、凯掌，云岩区高寨、乌当区石头寨等。本研究以黔中贵安新区为主要田野调查点，同时也兼顾贵阳花溪区及云岩区等地的"蒙榜"苗寨。

"蒙榜"苗族婚姻实行一夫一妻制，现在以自由恋爱为主缔结婚约，在形式上要经过提亲、踩门、接亲、吃喜酒等环节。丧葬有送终、开天窗、开斋、升鼓、下银钱、诵亡者、开路、出殡、安葬、复山等

---

① 自称moŋ paŋ，音译为"蒙榜"或"盂榜"，其中"蒙"是苗族，"榜"是花，他称"花苗"。为尊重族群自称，本书一律称其为"蒙榜"苗族。

② 当地苗族对自己绣花传统服饰的统一称呼，一般指代挑花的简装和盛装。如在某些场合会说那人穿的"花"真好看，这里的"花"与"花衣服"等同。

仪式流程。

　　"蒙榜"苗族的传统节庆活动是"跳场"，有时也称"玩场"，是众人集会祭祀先祖以祈求风调雨顺的场合，也是结伴游玩、谈情说爱、联络情感的重要节日。此活动通常在农历一月至七月间举行，按照"蒙榜"苗族的说法，农历一月和二月的场叫跳场（或跳花），三月至七月的场叫玩场。跳场和玩场最主要的区别在于是否在场地内栽花竿（立竹竿）。一般来说，跳场必须要栽花竿，而玩场则不需要，但也有例外。相较而言，跳场通常比玩场更加隆重，更受人们重视。玩场或跳场的场地由各村各寨约定俗成，每个村寨都有属于自己的场，届时不同村寨会以轮流"串场"的方式进行。此外还有四月八节，主要是为了纪念苗族的民族英雄，节时要吃彩色糯米饭。六月六节祈求风调雨顺、家族平安，当天会杀牛祭拜天神。总之，在"蒙榜"苗族传统节日中，以跳场和玩场最为隆重，六月六节最为热闹，四月八节最具民族特色。

二、情感人类学的中西方视野

（一）西方情感人类学研究概述

　　情感人类学（Anthropology of Emotion）的说法是由卢茨（C.Lutz）和怀特（G.M.White）在1986年合写的《情感人类学》一文中正式提出来的，他们提倡人类学应该对人的情感进行文化上的分析。[①]随着学界

---

　　① 宋红娟：《西方情感人类学研究述评》，《国外社会科学》，2014年第4期，第118—125页。

对于情感研究的关注越来越多，关于情感的研究越来越细致化。基本上，人类学各个学派均参与了对情感问题的讨论，诸如进化学派、功能主义学派、象征人类学学派、文化人格学派、解释人类学学派，以及后现代人类学均对其有所论述，并形成了一些观点。

一是功能主义学派关于集体情感的论述，来自结构功能学派的涂尔干，其先在《社会分工论》中谈及集体情感是机械团结得以可能的一个重要条件，指出机械团结是依靠刑罚式的警醒，从而在每个社会成员之中形成一种相同的情感类型，这种情感类型反过来作用于社会成员，使其思想和行动都具有较高的相似性。[1]而后涂尔干又在《宗教生活的基本形式》中进一步阐释，情感并不是个体感情的自发表达，而是集体强加给他们的责任。[2]

二是进化学派的普同情感论，主要是源于摩尔根自然主义的情感普同研究范式，此范式将文化作为客观世界中的研究对象，推衍到情感研究，即相信情感在所有人类社会中普遍相似。[3]达尔文从进化论的视角对情感加以剖析，进一步肯定普同情感论的价值意义，将人类与其他动物看作是一个物种进化的连续体，即认为物种是从另一批比较低等的类型里进化出来的，情感和表情有助于有机体的生存选择，由此告知他人自己将可能采取的行为。[4]

三是象征人类学关于情感研究的论述，主要体现在特纳《象征之林》中对符号的分析与讨论，其认为指涉性象征符号随着意识层面的

---

① 埃米尔·涂尔干：《社会分工论》，渠东译，北京：生活·读书·新知三联书店，2000年，第89—92页。

② 参见爱弥尔·涂尔干：《宗教生活的基本形式》，渠东、汲喆译，上海：上海人民出版社，2006年。

③ 李利：《论情感人类学的两大研究范式》，《求索》，2012年第9期，第220—222页。

④ 参见达尔文：《人类和动物的表情》，周邦立译，北京：北京大学出版社，2009年。

正式认知而拓展，浓缩的象征符号触及潜意识的越来越深的根处，并将情感特质散播至远离了象征符号原义的各类行为和情景中。①

四是文化人格学派的文化决定情感论，主要是源于博厄斯相对主义的情感相对论研究范式，他认为每种社会文化都有自己独一无二的历史、特点和发展规律，以及不同文化背景不同的价值和功能，人类情感由文化所模塑，不同文化和社会结构中的群体有不同的情感体验和表达。本尼迪克特在《文化模式》中呈现了原始部族在文化濡化过程中形成的不同性格特点以及其在不同情境中的情感表达，"文化模式"是指一种文化内在的精神气质，也叫"性情模式"，它是文化赋予个人的一套特定的行为规范和情感模式。②

五是后现代人类学对情感问题的研究和讨论。后现代人类学对情感的讨论主要是对上述观点的补充，将情感问题置于文化和社会之中，利用人类学的观点加以分析和研究，是对情感人类学传统范式的研究反思。于是到20世纪80年代人类学重新定义了情感研究，将情感、情绪看作由文化建构的产物。值得注意的是，后现代理论对此研究领域的重要影响在于，在本体论上强调人本身（尤其是研究者与被研究者不可言说的体验）是人类学的主体和主要研究对象，承认以往科学观影响下的理性主义与系统理论的局限，突出近现代西欧文化认为的"非理性"之类的情感、情绪对认知社会文化现象的重要性及阐释能力，有很强的反社会文化本质论倾向。③因此，情感与文化、情感与社

---

① 参见维多克·特纳：《象征之林：恩登布人仪式散论》，赵玉燕、欧阳敏、徐洪峰译，北京：商务印书馆，2006年。

② 参见鲁思·本尼迪克特：《文化模式》，张燕、傅铿译，杭州：浙江人民出版社，1987年。

③ 周泓：《人类学的情绪与情感研究》，《地方文化研究》，2019年第4期，第100—106页。

会之间的关系得到重新梳理。日常的情感研究需要关注情感观念与文化实践①，更应该看到情感具有社会性，是社会生活的产物，同时也影响着社会生活，它与政治、权力、亲属关系、婚姻以及道德都是密切相关的。②显然这种从个体与社会关系以及社会伦理出发的学术视野是情感研究不可或缺的文化要素，能够将社会主体联系在一起。

至20世纪90年代，后现代人类学家进一步拓展情感研究，更加注重情感的多层性，如去本质化、话语研究、涉身性以及人类学家亲身体验等等。正如德斯加雷斯（Robert Desjarlais）在《身体与情感》中指出将情感作为话语是对情感本身的忽略，"将仪式的悲伤与个人对悲伤的表达视为一种与社会生活政治相关的修辞策略，从而忽略了一点：这其实也是个人和公共经验的反映"③。正是这种涉身性的情感研究，引起了人类学学者面向自身的情感体验与反思。如美国学者露丝·贝哈《动情的观察者：伤心人类学》一书，以自传的形式分别谈论了人类学学者在田野工作以及民族志写作过程中个人的内心遭遇、情感体验与共鸣。④显然，情感不仅能够通过文化建构，也可以由社会情境中的社会主体参与创造。

西方情感人类学研究支系繁杂，成果众多，众家各有不同。情感人类学的概念一被提出，便受到各人类学学派的关注，各学派对情感

---

① Catherine Lutz, Emotion, Thought, and Estrangement: Emotion as a Cultural Category. *Cultural Anthropology*, 1986（Vol.1）.

② Catherine Lutz, Need, Nurturance, and the Emotions on a Pacific Atoll,in Joel Marks & Roger T.Ames（eds.）, *Emotions in Asian Thought: A Dialogue in Comparative Philosophy*. New York: State University of New York Press, 1995, pp.25,235.

③ Robert Desjarlais, *Body and Emotion: The Aesthetics of Illness and Healing in the Nepal Himalayas*. Philadelphia:University of Pennsylvania Press,1992,p.99.

④ 参见露丝·贝哈：《动情的观察者：伤心人类学》，韩成燕、向星译，北京：北京大学出版社，2012年。

研究皆有所论述。难能可贵的是，20世纪70年代，后现代人类学也开始关注情感研究，但主要是用人类学反思理性与非理性的社会现象，通过情感进一步关注人、文化、社会之间的关系。虽然后现代人类学与经典人类学对于情感研究切入点和观点不同，但不可否认，众学派对人类学的情感研究产生了巨大学术影响力。

（二）中国情感人类学研究概况

相对于西方情感人类学研究，中国的情感人类学研究起步较晚，直至21世纪，中国学者才开始运用西方的情感人类学理论介入中国社会的情感研究，且深受后现代人类学反思思潮的影响。与西方学界不同，中国情感人类学的研究大体表现为：一方面是总结和介绍西方情感研究成果，另一方面是我国学者的本土化研究，如利用西方情感研究的经验进行民族志写作和情感话题的研究。

在中国关于情感人类学的研究中，黄应贵[1]和马威[2]首先将Anthropology of Emotion译作情绪人类学，并对其进行详细的介绍。在此基础上，李利[3]和宋红娟[4]提出西方情感人类学研究的两大范式，梳理了情感人类学在西方的发展历程。通过这些学者的介绍和总结，我们可以从不同维度看待西方学者关于情感问题的研究取向。"情感本身是无法把握的，但是关于情感的话语却是一个社会事实，也就是说，情感是具有

　　① 黄应贵：《关于情绪人类学发展的一些见解：兼评台湾当前有关情绪与文化的研究》，《新史学》，2002年第3期，第342页。
　　② 马威：《五十年来情绪人类学发展综述——心理人类学发展的趋势》，《广西民族研究》，2006年第3期，第60—66页；马威：《情绪人类学发展百年综述》，《世界民族》，2010年第6期，第43—50页。
　　③ 李利：《论情感人类学的两大研究范式》，《求索》，2012年第9期，第220—220页。
　　④ 宋红娟：《西方情感人类学研究述评》，《国外社会科学》，2014年第4期，第118—125页。

社会性的，是社会生活的产物，同时也影响着社会生活，它与政治、权力、亲属关系、婚姻以及道德都是相关的。"①

　　具体而言，众多学者分析情感与社会结构、社会关系之间的联系，或聚焦处于不同社会地位群体的情感描述，或表达不同群体对情感的管理和控制，都是将情感作为文化来探讨人的社会关系的建构与维系问题。正如费孝通《乡土中国》里所言，乡土社会是地缘关系、血缘关系、竞争关系、代际关系等诸多社会关系的交织点，情感作为人际社会关系的建构与维系媒介，"从社会关系上说感情是具有破坏和创造作用的。……也就是说，如果要维持着固定的社会关系，就得避免感情的激动，其实，感情的淡漠就是稳定的社会关系的一种表示"②。这是一种"中国式"的情感。阎云翔在《私人生活的变革》中将这种情感进一步深化，强调中国式的家庭表达情感更加直接，在日常生活中表达愈加明显。③中国台湾学者简美玲从个人与社会之间的关系角度，通过对个人以及个人情感的关注，揭示苗族社会内部情感的复杂性：个人与文化、个人与社会之间的关系不是永恒的而是多变的。④这种"中国式"的人情和情感，乡土社会中个体、家庭与社会、村寨集体之间的连接，恰恰证明"人"这一主体在情感表达时受到多重因素的影响。

　　此外，在民俗节庆、仪式活动以及审美艺术等领域亦可见情感研

---

　　① 宋红娟：《情感人类学及其中国研究取向》，《中南民族大学学报（人文社会科学版）》，2012年第6期，第24—29页。
　　② 费孝通：《乡土中国》，北京：作家出版社，2019年，第49页。
　　③ 阎云翔：《私人生活的变革：一个中国村庄里的爱情、家庭与亲密关系：1949～1999》，龚小夏译，上海：上海书店出版社，2009年，第91—95页。
　　④ 参见简美玲：《贵州东部高地苗族的情感与婚姻》，贵阳：贵州大学出版社，2009年。

究的影子。民俗活动研究特别关注普通人的情感世界和日常生活[①]，通过日常实践和民族节日，反映其情感世界[②]。尤其当少数民族群众用歌代言、以歌传情，歌唱成为他们日常生活的核心组成部分时，歌唱和情感表达才得以充分展现[③]。在艺术研究领域，既有从情感的角度研究传统文化，分析情感与古琴艺术的关系[④]，亦有通过分析视觉文化与媒体景观，所达成的"后情感社会"[⑤]。情感话题的讨论总是与女性有着难解难分的缠绕关系。如卢燕丽指出侗族女性对刺绣的情感和认知在不同年龄阶段各不相同，且对比了男性与女性对刺绣的认知和情感。[⑥]再如向霞对土家族女性哭嫁进行研究，强调哭嫁中的女性是土家族女性的一个缩影，塑造了勤恳勇敢的土家族女性的典型形象，其遭受不平等婚姻制度的毒害，借哭嫁对不合理的婚姻制度进行抵抗，宣扬了女性的情感及其主体意识表达。[⑦]

　　仪式向来是审视和研究人类社会情感的绝佳窗口。面对死亡，不同族群由其所引发的恐惧、悲痛、虚无感等各种社会及个人情感有着差异性的表达方式。[⑧]仪式当中情感的整体性呈现，有着集体情感和个

---

① 参见宋红娟：《"心上"的日子——关于西和乞巧的情感人类学》，北京：北京大学出版社，2016年。

② 参见李利：《海南毛感高地黎族的情感研究》，上海大学博士学位论文，2011年。

③ 参见魏亚丽：《情重网密：马坪壮欢的情感人类学分析》，广西师范大学硕士学位论文，2015年。

④ 参见胡红：《情感人类学研究与古琴文化》，北京：中国社会出版社，2013年。

⑤ 朱凌飞：《视觉文化、媒体景观与后情感社会的人类学反思》，《现代传播（中国传媒大学学报）》，2017年第5期，第96—100、105页。

⑥ 卢燕丽：《侗族女性对刺绣的情感与认知——立足于三江县同乐乡的艺术人类学考察》，《百色学院学报》，2010年第3期，第37—42页。

⑦ 参见向霞：《土家族哭嫁习俗中女性情感表达与主体意识建构的人类学研究》，湖南师范大学硕士学位论文，2020年。

⑧ 孙璞玉：《丧葬仪式与情感表达：西方表述与中国经验》，《思想战线》，2018年第5期，第50—56页。

体情感的混融状态，通过仪式参与者的情感世界打通仪式与日常生活间的壁垒，情感自觉是社会主体得以真正实现的重要前提。①正如张桔指出情感在白族家庭生活、仪式空间、日常交往中呈现出"抑制—酝酿—释放—回归"的状态反映。②在陈沛照的研究中，他将人情社会中的过门、结婚、生子、满岁、乔迁、考学、当兵、过寿、办丧时民间仪式的举办叫"做人情"，并以伦理型人情、情感型人情和工具型人情对此进行讨论。③而项阳则从礼乐表达分析情感的仪式性诉求，认为"乐"可表现哀心、乐心、喜心、怒心、敬心、爱心，每一种心境都是情感的具体显现，表达人类丰富的仪式化情感。④

　　情感的表达既有一目了然的直接呈现，也有暗含其间的隐喻之光。苗族学者张晓在对独木龙舟节的讨论中，认为苗族龙舟节反映出当地人在口头、行动上表达"龙崇拜"的内在集体情感心理，而在苗族人的认知中，"龙崇拜"与"牛崇拜"息息相关，"牛崇拜"又与"祖先崇拜"不可分割。⑤蔡熙的研究发现，苗族史诗仪式叙事具有情感治疗的功能⑥，左振廷也认为家族情感认同对仪式的举办具有很好的

---

①　宋红娟：《迈向情感自觉的民间宗教仪式研究——以西和乞巧节俗为例》，《民族艺术》，2015年第6期，第134—140页。

②　张桔：《大理白族绕三灵仪式中的老年人情感互动研究》，云南大学博士学位论文，2019年。

③　陈沛照：《人类学视域中的唐村人情往来》，《广西民族研究》，2012年第3期，第85—91页。

④　项阳：《中国人情感的仪式性诉求与礼乐表达》，《中国音乐》，2016年第1期，第35—49、61页。

⑤　张晓：《传说、仪式与隐喻——基于苗族"独木龙舟节"的讨论》，《贵州民族研究》，2018年第8期，第135—139页。

⑥　蔡熙：《苗族史诗〈亚鲁王〉的仪式叙事与治疗功能研究——基于文学人类学的分析视角》，《西南民族大学学报（人文社科版）》，2020年第2期，第35—40页。

维系作用等等。[①]

三、苗族服饰研究的发展阶段与旨趣转向

自鸟居始，尤其是1949年中华人民共和国成立后，国内学者对苗族服饰研究的相关论著，大体经历了由图样纹饰的收集整理到苗族服饰文化理论系统研究的各个不同发展阶段。研究领域从美术学、艺术学逐渐转向民俗学、社会学、遗产学、人类学等，研究方法也不再局限于单一学科，逐渐发展为多学科领域的交叉研究。

（一）20世纪50年代至80年代初期：以图案纹样收集为主的阶段

新中国成立后直至改革开放初期，学界有关苗族服饰研究多以服饰上的纹样采集为主，并汇集成册。苗族服饰纹样艺术造型、题材繁多，但主要来自服装的染织纹样与绣片的刺绣纹样，也有小部分采集于日常用物上，如被单、包袱、口袋等等，因此这一阶段有关苗族服饰纹样图案的书籍主要集中在服饰、刺绣和蜡染这三大类型中。

1956年由贵州省群众艺术馆编撰的《苗族刺绣图案》[②]，书中主要汇集了凯里、开怀、舟溪、滂海、化链、湾水以及台江县施洞镇等地收集来的刺绣纹样彩色图案。通过对服饰不同部位进行分类，刺绣纹样分为衣领图案、衣肩图案、衣袖图案、衣背图案、衣襟图案、围裙

---

① 左振廷：《苗族家族仪式的文化内涵与社会功能探析——以贵州白苗佐嗦仪式为例》，《西南民族大学学报（人文社会科学版）》，2020年第11期，第56—68页。
② 参见中央民族学院民族文艺工作团、贵州省文化局美术工作室研究组编：《苗族刺绣图案》，北京：人民美术出版社，1956年。

图案、前裙图案、裙心图案、裙帕图案、裙端图案等。

　　1960年贵州省群众艺术馆编《丹寨苗族蜡染》[①]里收录的图案全部来自丹寨苗族的蜡染。书中作者详细介绍了丹寨特有的蜡染纹样和蜡染物件，指出苗族纹样图案多源于自然物象，以借物寓情的方式表达对祖先的崇拜之情。

　　1980年马正荣编撰的《贵州苗族蜡染图案》[②]所收集的主要是丹寨、黄平、贵定和安顺地区的围腰、头巾、手帕、背带心、背带以及儿童围兜上的图案，主要有花果、蝴蝶以及旋涡纹等自然物象。作者对于常见的鸟和鱼的图案做了较多的收集，并发现在苗族蜡染纹样图案中鸟和鱼有着众多的变形，对此做了十分细致的整理和绘制。

　　在1983年汪禄收集整理的《苗族侗族服饰图案》[③]中，作者通过对聚居在黔东南地区的台江、施洞、从江、贯洞、麻江和锦屏地区的苗族侗族的服饰进行采集，认为随着时代的不断发展，民族之间的文化交流日益频繁，两个民族的服装样式和材质有极为相似之处，而纹样形态和色彩等方面又存在较大的差别，因此对台江、施洞、锦屏、麻江等地苗族服饰的衣袖、背带的刺绣、编织图案进行了分类整理与彩绘。

　　此时期苗族服饰研究的焦点多集中在图案纹样的收集整理，1964年由中国科学院贵州分院民族研究所出版的《贵州省台江县苗族的服

---

　　①　参见贵州省群众艺术馆编：《丹寨苗族蜡染》，上海：上海人民美术出版社，1960年。
　　②　参见马正荣编：《贵州苗族蜡染图案》，北京：人民美术出版社，1980年。
　　③　参见汪禄收集整理：《苗族侗族服饰图案》，成都：四川人民出版社，1983年。

饰（贵州少数民族社会历史调查资料之二十三）》^①则是当时为数极少的以文字记录为主的书籍，该书按照性别、年龄、季节、场合以及阶级、阶层将台江县的苗族服饰分成不同的类型，以此分析服饰的异同之处，并关注了各类型之间的影响和变化以及服饰和经济、历史方面的关联。

（二）20世纪80年代至90年代中期：关注服装型制与手工技艺

20世纪80至90年代出版的专著注重田野调查，关注手工技艺的传承与演变，在服饰图案和型制的收集整理上进行系统深入的民俗学、艺术学以及历史学等相关研究；20世纪90年代以后，苗学研究的热潮开始逐步涌现，有关苗族服饰研究的论著也逐渐增多。这一阶段关于纹样和服饰型制的田野调查成为进行苗族服饰学术性研究的基础。

如1982年由邵宇主编的《贵州苗族刺绣》^②一书分为图版和著文两大部分。前半部分的图版主要收录了黔东南凯里、黄平、雷山、台江、剑河、贞丰、安龙等七个县178幅服饰图案照片；在著文部分编者组织了五篇有关苗族民俗风情、历史人文、手工技艺等的文章，通过专题性的述论，让苗族服饰的研究具有了一定理论意义上的提升。

1985年民族文化宫编印的大型彩色书册《中国苗族服饰》^③基于编者所收集到的盛装和服饰工艺品对苗族服饰的型制与特点、穿着佩戴方式、织绣银饰的手工技艺做了详细的描绘与分类，通过对苗族服

---

① 参见中国科学院民族研究所贵州少数民族社会历史调查组、中国科学院贵州分院民族研究所编印：《贵州省台江县苗族的服饰（贵州少数民族社会历史调查资料之二十三）》，1964年。
② 参见邵宇主编：《贵州苗族刺绣》，北京：人民美术出版社，1982年。
③ 参见民族文化宫编：《中国苗族服饰》，北京：民族出版社，1985年。

饰收集与分类进而彰显苗族的历史与现状的深层含义。可以说，该书是20世纪80年代以方言为基准，按地域范围划分苗族服饰类型的代表专著。

承袭《中国苗族服饰》中的服饰类型划分，1992年由贵州省文化厅编著的《苗系列画册：苗装》①对苗族服装以及各个环节工艺进行了图像采集，用图文结合的方式对苗族服装进行整理与介绍。作者认为，苗族服饰的分类按照性别、年龄可以划分为童装、青壮年装和老年服装；按穿着场合可以划分为盛装和便装。该书通过苗装的生息环境以及苗装与节日民俗之间的联系，对苗装进行了考察。1994年由龙光茂编著的《中国苗族服饰文化》②不同于画册类专著，以论述的方式对苗族服饰的历史渊源进行了追溯，考察了苗族服饰与传说、节日之间的联系，对服饰的种类、式样、图案与技术进行了较为细致的解析。

（三）20世纪90年代中期至今：服饰的遗产保护与人类学考察成为研究重心

这一阶段的研究依然注重基础的田野调查，在图片摄录的基础上详细记述了苗族服饰的制作工艺和穿着方式，探讨了服饰的文化变迁、纹样图案的精神特性与审美以及与现代民族文化事项的联系等，出现了服饰的艺术学、历史学以及人类学等相应的研究。

首先是女性与文化、技艺的研究。出于对族群文化的感知与体悟以及对地理环境的生存适应，苗族女性通过服饰的制作和穿着充分发挥了她们的艺术天性、形象思维和创造能力。传统的服饰工艺蕴含着

① 参见贵州省文化厅编：《苗系列画册：苗装》，北京：人民美术出版社，1992年。
② 参见龙光茂编著：《中国苗族服饰文化》，北京：外文出版社，1994年。

丰富的女性知识，特别是作为纺织、蜡染、刺绣载体的苗族服饰，在制作技艺上，一直保留着传统制作方法和款式。从种棉纺线再到养蚕抽丝，从染色缝饰再到刺绣织锦，苗服制作的全过程基本上都要靠苗族妇女来完成。对于还未成婚的苗族女性而言，少女阶段最重要的责任就是从母亲那里学习染织、刺绣、成衣等各项制衣技能，制衣手艺的水平是苗族对成年女性社会身份检验的重要标准。在嫁为人妇之后，她们就要为自己以及所有家人制作服装，并向年轻女性传授手艺，这些代代相传的技艺为每一位苗族女性所必备。1995年由古文凤编著的《民族文化的织手：苗族》①通过文字记录了苗族妇女精湛的纺纱、织布、刺绣、蜡染等技能，在苗族社会中，制衣技能不仅是评价女性能力的一项重要标准，通过苗族服饰的文化艺术创造与继承，苗族妇女也被赋予了社会性的角色，在家庭生产与民族服饰的创造和文化传承中发挥着主体作用。

服饰不仅是苗族女性手工技艺水平的体现，还具有很强的文化象征意义。它是民族集体精神的外在表现，能表达出该民族的社会制度、宗教信仰、历史意义、社会及个人的审美意识等。

透过服饰以及服饰技艺本身，亦可以发现苗族社会活动与女性之间的种种关系，由此说明了女性不仅是民族手工技艺的创造者与传承者，还是记录民族文化、影响民族文化发展的重要力量。苗族服饰艺术作为我国少数民族重要的非物质文化遗产，在得到了越来越多的有关文化继承和保护方面的关注的同时，那些"仍然挣扎在贫困线上的文化遗产拥有者们"却被忽略了，因此安丽哲在《符号·性别·遗产——苗族服饰的艺术人类学研究》一书中对苗族文化变迁加以关注

---

① 参见古文凤编著：《民族文化的织手：苗族》，昆明：云南教育出版社，1995年。

的同时，侧重研究了苗族女性的生存状态。民族服饰的存在是特定社会文化机制运行的体现，在以自给自足为主的经济条件下，不会制衣的苗族女孩势必受到群体的歧视，即便是刺绣蜡染的手艺不熟练也会受到大家的非议。在这种社会环境下，姑娘们一心在家务之外挤出时间练习自己的手艺，从而证明自己的价值，这也就是现在读书的姑娘放学后的首要任务仍是画蜡，而作业会被放在其次的原因。[①]

　　其次是族群心理与文化象征的研究。田鲁在《艺苑奇葩——苗族刺绣艺术解读》[②]写到，璀璨多姿的苗族刺绣，反映了一个迁徙民族的悠久历史，体现了苗族原始的宗教信仰，是人们生存环境与世态民情的真实写照。苗族刺绣作为一种独立的艺术形式，它给予人们无尽的视觉美感；苗族刺绣作为一种民族文化的物化形式，它又向人们反映出创作者对社会、生活、自然的理解，展示了苗族人民对美好生活不懈追求的理想。杨文斌在《苗族传统蜡染》[③]中通过大量的珍贵图片说明，苗族服饰装饰图案中的纹样造型和设色用一种程式化的符号和表述形式展现民族心理，使之世代相传成为独特的民族文化象征。

　　在苗族服饰研究的进程中，基于美术学研究视角的学者倾向于图案结构的归纳与整理，注重苗族不同地区各支系间服饰图案类型的区分与联系；历史学的研究者重点考察服饰文化的发展与演变，认为不同历史时期的苗族服饰代表了不同历史语境中的文化观念与价值；社会学以及人类学家分别从女性视角、工艺类型和文化象征等方面对服饰进行解读，更加注重对苗族服饰创造者和穿着者的理解与研究。随

---

　　① 参见安丽哲：《符号·性别·遗产——苗族服饰的艺术人类学研究》，北京：知识产权出版社，2010年。

　　② 参见田鲁：《艺苑奇葩——苗族刺绣艺术解读》，合肥：合肥工业大学出版社，2006年。

　　③ 参见杨文斌：《苗族传统蜡染》，贵阳：贵州民族出版社，2002年。

着心理学学科相关理论的引入，学者们也开始挖掘服饰中所蕴含的群众心理和人格表达。苗族服饰研究也已经从美术学、历史学等单一学科视角逐渐发展到社会学、人类学、心理学等多学科的综合性研究层面。

　　透过苗族服饰剖析理解暗含其中的社会情感已成为学者研究的关注点。他们认为服饰文化是穿在身上的史诗和故事，是族群归属、身份地位、社会角色的象征符号，是信仰文化图像表达载体，是人生礼仪的过渡符号，是族群文化传统、集体记忆、历史文化的载体，凝结着苗族人的特殊民族情感，反映着苗族人的价值观与宇宙观。①在我们看来，民间服饰既是人们生活的实用必需品，同时又是传达民间艺术和制作者丰富内在情感的物质载体，刺绣技艺则是表现实用性和传达民间朴素情感的艺术媒介。②民族服饰中的色彩应用与构成同样是民族审美艺术的集中体现，苗族服饰之所以对蓝色钟爱，是因为蓝色属于冷色调，能给人冷静、智慧、深远的感觉。③

　　在历史的岁月长河中，苗族经历过多次迁徙。服饰作为区分异己的特有标识，在苗族社会内部既有地域、支系之别，也有日常生活起居所穿的便装和重大节庆所穿的盛装之分。无论是盛装还是便装都是由苗族女性一针一线制作而成，其中内含的情感复杂多样。潘桂芳在《贵阳花溪花苗服饰》④一书中，以服饰为线索，论述了服饰的制作过

　　① 杨昌国、李宁阳：《历史·记忆·情感·符号——西江苗族服饰文化的文化人类学阐释》，《原生态民族文化学刊》，2020年第2期，第149—156页。
　　② 崔荣荣、梁惠娥：《服饰刺绣与民俗情感语言表达》，《纺织学报》，2008年第12期，第78—82页。
　　③ 彭凌燕：《苗族服饰中的色彩构成情感表现》，《美术大观》，2010年第5期，第105页。
　　④ 参见潘桂芳：《贵阳花溪花苗服饰》，北京：九州出版社，2017年。

程、挑花纹样的崇拜和信仰、以挑花工艺为媒介所建构互动的社会情感，以及花苗服饰工艺传承危机之下妇女的情感变化。

在某些特定的社会仪式情景中，兄妹之情、姊妹之情、男女之情、父母与子女等之间的情感，通由服饰的制作以及赠送来展现。苗族少女"从几岁就开始编织自己喜爱的服饰装饰用品——'花带'，苗族姑娘把自己所行，所想，对生活的愿望，对未来的幢景，对爱情的追求等都编织在花带里，让花带成为情感的表征物。所以，当一个苗族姑娘把自己亲手编织的花带赠与情人时，其情形是庄重热烈，包含无限深情的"[①]。"背牌"是黔中高坡苗族服饰背部特有的装饰织物，"射背牌"则是高坡苗族社会里重要的一项仪式活动，其重要性和目的性在于"通过仪式的形式成功地解决了婚姻与情感的问题，通过射背牌使有情人各安其分，回归现实的婚姻家庭"[②]。此类研究如吴秋林的《高坡苗族背牌文化研究》[③]和《美神的眼睛》[④]，郎丽娜的《高坡苗族"背牌"文化研究》[⑤]等，通过"射背牌"表达爱而不得的男女情感，以及对男女婚外情的智慧处置。从某种程度上来说，射背牌仪式活动是将私人情感转化成为社会情感，既保护了婚姻家庭的稳定，也维护了社会秩序。同样地，苗族社会中母与女、婆与媳、长辈与晚辈代际之间的传承和赠予，也是这种个体情感的真实写照。尤昱涵、何

---

① 谭华：《贵州苗族服饰文化内涵的诠释》，《贵州大学学报（艺术版）》，2008年第3期，第20—23页。

② 刘锋、徐英迪：《"射背牌"：婚外情的智慧处置》，《贵州大学学报（社会科学版）》，2011年第6期，第118—125页。

③ 吴秋林：《高坡苗族背牌文化研究》，《贵州大学学报（艺术版）》，2000年第4期，第27—33页。

④ 吴秋林：《美神的眼睛：高坡苗族背牌文化诠释》，贵州：贵州人民出版社，2001年。

⑤ 参见郎丽娜：《高坡苗族"背牌"文化研究》，贵州民族大学硕士学位论文，2012年。

兆华笔下施洞苗族围腰在"我群"与"他群"之间的传承和赠予恰恰佐证了这种个体与群体情感的特殊表达。①

　　学界对苗族服饰的研究有其鲜明的历史阶段性特征，这是多种社会文化因素共同促成的结果。对于苗族服饰与仪式的关联性，目前的研究成果主要集中在服饰特点、文化意义、文化变迁与传承功能等层面。在情感层面所开展的研究是从单独的服饰或者仪式切入，主要涉及服饰和仪式原初情感（即本身所具有的情感）及其与人的社会关联和社会意义。在涉及情感研究的已有文献中，我们可以觉察到，从仪式和服饰内在文化关系去深入研究情感表达的成果不多。大多数学者对情感的解读，主要经由特定情境进行"片段式""零碎化"分析，忽略了情感在个体与整体、共时与历时等的"整体性"关照，从而也就遮蔽了情感所暗含的特有的社会文化意义。

　　民族学之所以高度关注苗族服饰和其相关仪式活动，是因为苗族服饰及其仪式活动是苗族文化的重要组成部分，是苗族人民在长期实践中对生存环境和日常生活认知和思考的结果。对服饰和仪式活动的关注，能够展现苗族对美好生活的追求、对生命的敬畏、对祖先的追忆和崇拜，有助于更加清晰地认识和理解苗族文化。

　　苗族服饰作为"物"对于苗族人而言具有重大的意义，其伴随着他们的人生历程，是身份类别划分、社会关系维系、集体记忆与情感认同的重要依据。婴儿出生时，以血缘为纽带的血亲、以婚姻缔结为纽带的姻亲会为新生命的诞生送以服饰表达对生命的敬畏、祝愿、欢迎、认同。在童年阶段，父母为孩子准备服饰，是父母与子女之间情

――――――――――

　　①　尤昱涵、何兆华：《中国贵州省施洞苗族围腰之研究》，贵阳：贵州大学出版社，2021年，第30—38页。

感互动的呈现，希冀子女能够健康成长得到祖先庇佑。而在少年阶段，服饰更多传达的是父母的期望，希冀子女能够好好学习，取得优异的成绩。在成婚阶段，服饰在表达着父母与子女之间的情感时，又假借父母之手传递一种期待、祝愿，传达希望子女为家族开枝散叶、传宗接代的观念情感。当人走完一生，服饰依然在苗族社会扮演着重要角色，承载着亲人对亡者的精神寄托、思念、哀伤、祝愿之情。在实际生活中，服饰穿戴有诸多礼俗规约。最为显见的是依据年龄、身份的不同，少女、青年女性、已婚妇女、老年妇女等穿戴有所差别。服饰作为文化载体与文化表现形式之物，在苗族的社会性流动中，尤其是在特定人群生产和生活的相关情景中，起着构建与维持社会关系的重要作用，因而通过服饰的流动和展示，既能反映苗族社会文化，又能表达苗族人内心世界的情愫。苗族服饰在某些仪式或某些具体情境中的社会性应用，为理解和构建情感与个人、社会、集体、家庭、村寨之间的关系寻求了论证路径。

　　就服饰与仪式研究而言，其探讨的是将情感视为个体社会化过程的一个组成部分，个体如何在此过程中表达和体现自我主体意识，即社会主体如何通过服饰和仪式传达出来的情感，找到自我与其他成员之间的内在关系。这些探究既要领会经典人类学对于情感研究的领悟，又要遵循后现代人类学对于情感研究的反思，把情感回归于话语体系研究、情感本身的涉身性研究中。个体抑或群体通过与情感相关的话语实践表达内心的诉求，或建立情感，或增进情感，抑或修补情感等等。苗族的情感研究正是需要借助这些理论与观点回归于个体、家庭和社会之中。

　　本书基于鸟居龙藏《苗族调查报告》有关苗族服饰与民族性格的关联性介绍展开，是对这一报告的文本及田野的反思性研究。本书通过重访调查，获得较为翔实的田野资料，以当地的人生仪式为载体和突破口，由重访地苗族的服饰和仪式去理解、认识与把握其群体性格以及情感世界。换言之，由服饰和仪式的社会关联性去探讨黔中苗族的情感问题，以回应鸟居所认定的苗族性格"柔软阴郁"之说。本书由苗族服饰研究扩展至苗族的世界观与价值观的认识与理解，是对鸟居龙藏界定苗族民族"阴郁"性格的扩展补充和完善，即他们具体在何时何地表现为"阴郁"，"阴郁"的特质又为何？与特定人群的日常生活方式、行为实践又有怎样的关联？对苗族群体性格及其情感的多层次解读是本书的重点，以期更加全面和深入地了解苗族的群体特征和社会行为。

第一章　出生礼的服饰与仪式

　　婴儿的诞生被视为生命的起点，所以出生礼仪被看作是人生启程的标志。在中国人的生育观里，生育子嗣是头等大事，是对生命的延续给予期望，是实现生命恒久不朽的方式。正如郭于华所强调的，"生育子嗣是中国人实现生命恒久即追求不朽的最重要途径之一，也是生命的价值、意义所在，这种生命观甚至被直接表述为'生命的目的为了创造宇宙继起的生命'。所以，'断子绝孙'在中国人看来是最恶毒的诅咒，那等于是咒人死亡，掐断人的生命线。而赞扬人家的孩子则是得人欢心的最重要法门之一，没有子嗣便是真正的死亡，这在中国人的意识中是根深蒂固的"[①]。于是，生育子嗣被中国人赋予更多的含义，例如生命延续、血脉继承、家族兴旺等等。

　　"蒙榜"苗族对生命繁衍和新生命的诞生格外重视，其被看作是家族、血缘的延续，被苗族人赋予一层有别于其他民族的深意。范热内普在《过渡礼仪》一书中写道："为新生儿所举行之仪式包括一系列分隔礼仪、边缘礼仪以及聚合礼仪。"[②]通过一系列复杂仪式的情感表达，将"生者"与"亡者"的界限划开，"将新生儿与亡者世界分

---

　　① 郭于华：《死的困扰与生的执着：中国民间丧葬仪礼与传统生死观》，北京：中国人民大学出版社，1992年，第187页。
　　② 阿诺尔德·范热内普：《过渡礼仪》，张举文译，北京：商务印书馆，2012年，第55页。

隔，同时与生者世界或特定群体聚合"。^①诚然，当新生命降临时，黔中"蒙榜"苗族人也会采取一系列仪式与神灵、祖先对话，以此来护佑新生命的健康成长。

第一节　黔中"蒙榜"苗族出生礼仪

不同民族对于新生命的降临有不同的看法。就黔中"蒙榜"苗族而言，新生儿的降临对于他们来说意义非凡，随之伴生的礼仪也众多。总结起来主要有取名仪式、月米酒仪式、割光礼仪式，这些仪式共同形成了苗族婴儿出生礼仪系统。

一、取名：以"家"为形式的生命敬重与欢迎

婴儿出生以后，家人过不了几天就要着手准备为孩子取名的相关事宜。通常为孩子取两个名字，一个是乳名，主要用作家族、寨邻的称呼，另一个是学名，主要是进入学校读书时使用。两者都具有强烈的社会属性。

按照黔中"蒙榜"苗族的习俗，新生婴儿取名时要将老外公家^②邀请过来一同商讨。取名的时间有所讲究，不能与婴儿出生的时间犯冲。且取名的时间基本上在当天中午12点左右，按照当地人的解释，是因

---

① 阿诺尔德·范热内普：《过渡礼仪》，张举文译，北京：商务印书馆，2012年，第58页。

② 当地人对新娘娘家的称呼。

为每天中午12点温度最高、太阳最大、阳气最足。通常情况下，娘家人得知自己的女儿诞下孩子，会及时赶过来，给刚出生的孩子带一些礼物，如纸尿片、小衣服等等。

取名仪式的地点在母子居住房间的床头。仪式需要的主要物品有一块石板、一碗草木灰、一碗酒（少量）、一碗饭（少量）、一升米、鸡蛋以及其他香烛纸钱等，其中石板主要是用来摆放上述供品。如果新生儿是男孩，要准备一只公鸡；如果是女孩，要选用未下蛋的母鸡。

取名时，要焚香烧纸，向祖先敬酒，意思是告诉祖先，今天家庭添丁取名，请去世祖先一同见证。接下来把鸡蛋放在草木灰上开始为婴儿选名。新娘的娘家人（通常是孩子外公、外婆和舅舅），每人都会事先想一个名字并依次说出，每说一个就朝着鸡蛋上扔米，根据鸡蛋上有没有米来决定新生孩子的名字。如果鸡蛋上有米，就代表祖先认可这个名字。老外公家取的名字是婴儿的小名，而其学名由父母取，没有其他仪式，也不像其他苗族支系采取父子联名制的形式取名。

当新生儿的名字确定下来之后，还要在房间后门（如果没有后门，可以在堂屋的大门口）继续做后续仪式。此时仪式需要一根竹子，一棵麻，还有一只鹅。这个仪式主要是针对新生儿的母亲，全程用苗话。大致意思如下："孩子母亲到我家，有了小孩了，以后就要安心在此住下了，一心一意当家，并且断绝与外面朋友的一切来往。"①

待取名仪式结束之后，要将这些仪式用到的竹竿、麻在三条路交汇处烧掉。孩子取名则是为了迎接祖先亡灵归家，感谢其庇佑新生命。

所有仪式剩下的物品要拿给主人家，鸡蛋要隔三天才能吃，而鸡和鹅当天就要杀了吃。如果是母鸡，就杀了给孩子母亲吃，公鸡和鹅

---

① 2021年2月贵安新区新寨村田野调查资料。

则是要大家（客人和亲戚）一起吃。在给新生儿取名的仪式中，被邀请的娘家人一般拿鸡、鸡蛋、米，以及孩子需要的尿不湿、尿片等来看望生完孩子的女儿，并且还会给小孩子买一两套小衣服，衣服是现代的童装。

　　现在时代变了，生活越来越好，以前生小孩都是需要自己做小被子（即包片，用来包裹小孩的，男女不分），还要用木头做一个小凳子。但是现在少了很多程序，好多人都不会做了，基本上都是在街上要什么买什么，图方便。[①]

　　由此可见，这种以姻亲缔结的家庭式取名仪式，待到新生命降生时极受关注。尽管随着社会的发展和变迁，原有的风俗习惯也在不知不觉中进行着调适，但是这并不影响双方家庭对新生命的敬重，夫家和娘家的姻亲情感关系在新生儿诞生后得到再次的确认。

二、月米酒（满月酒）：以"姻亲"关系为主的群体聚会

　　黔中"蒙榜"苗族并没有满月酒的说法，但是他们的月米酒基本上等同于满月酒。按照以前的婚姻流程，男女青年通过自由恋爱，双方情投意合、决定相伴终身时，待双方父母同意后，女方可自行到男方家与男方共同生活，待孩子出生后，才到娘家报喜。然后老外公家邀请亲戚、朋友一起来吃月米酒。月米酒的时间并不固定，并不是非要等到婴儿满月时才能请月米酒。按照过去的习俗，月米酒相当于现在新娘和新郎的

结婚酒，两个人有了孩子从此确定夫妻关系，新生儿是婚姻稳定的象征。因此，月米酒的时间越早越好，当地人基本上都是在新生儿不满一个月时就开始置办。按照当地人的解释，这种酒席不能满月之后再请，不然要被邻居家说"抠""小气"之类的闲话。

"蒙榜"苗族男女双方结婚，一般不需要置办什么东西，只是等到有了孩子，这桩婚事才算是正式完结，才被双方家庭正式认可。新娘娘家不仅要按照结婚的陪嫁标准准备物品，还要多准备一份给新生儿的礼物。这些礼物清单包括柜子（必须要有）、抽屉、花衣服（一般看财力情况）、铜锁、被子等等。一般花衣服是娘家做多少套就送多少套，主要是看心意。

总之，无论是现在还是过去，老外公家都会用丰富的陪嫁回赠男方家，这既是对女婿的肯定，又是对女儿从此嫁作人妻的不舍。如今的月米酒置办得稍微简洁，不似以往繁琐，对地域、亲属范围都进行了限制，仅有男方家和女方家的直系亲属会前来贺喜。

月米酒一般是三天两夜，客人来第一天歇一晚，第二天吃正席，然后再歇一晚，第三天吃完饭再走。老外公家人来的时候要去接，一般安排人在路口点火把，主要起到提醒作用。整个月米酒没有过多的仪式规矩，一般要把老外公家送的嫁妆、礼物等全部放在一起，摆在新郎家门口给众人展示。以前这些礼品包括粮食种子（大米等）、小猪、鸡、柜子和花衣服（包括新娘和小孩的，结婚时候不送花衣服）等。其中老外公家带来的甜酒①和背扇②不能放在外面，也不可以让别人来帮忙接过去，只能由老外公家送进家里。

---

① 当地苗族用大米酿造的米酒，酒精度数较低。
② 背婴儿的织物，上面绣有花。

　　在正席当天，吃完午饭后，由男方家族里的长辈师傅负责打开老外公家带来的柜子，开完之后就可以放进家里。与此同时，孩子的父亲还要用老外公家送来的花背扇，把孩子背上后在院坝里弯腰扫地，意思是以后背着孩子上山干活时孩子不哭。以前交通不便，远道而来的亲戚朋友必须在新娘家住下歇息一晚，第二天吃完早饭再走。现在交通便利，客人亲友基本上当天来当天就回去了。关于礼金，以前来客基本上送的都是两升米、20个鸡蛋、几尺布（主要用来做衣服）等，现在基本上都是收钱，只有血缘至亲才会准备服饰。

　　客人要返家的时候，男方家要准备拦门酒。首先要在堂屋里面谢过女方家的亲戚（一般都是好言语，感谢的话语），然后再敬酒、敬肉给他们。通常是一杯酒一块肉，能喝多少杯就给多少块肉，喝到客人不能喝时才放其离开。客人离去时，男方家会准备回礼，主要是为亲家（老外公家）准备的，一般情况下，回礼都是一升米和猪腿等。

三、割光（剃头）礼仪：祈求富贵与健康

　　割光（剃头）礼仪是家人给新生儿剃头发的仪式，寓意祈求富贵和健康。在时间的选择上，女孩子是在出生三个月后，男孩子则要晚一些，一般是六个月后，也不用声张告诉旁人。剃头发当天，要为孩子换一身干干净净的衣服，还要买一个猪头、一只鸭子，然后去水边捞小虾。接着准备草木灰、秤杆、剪刀、婴儿帽、两碗酒、一碗饭、用两棵竹子编的草门、一张桌子。草门绑在桌子上，放在堂屋里。这时开始给小孩子剃头，一边剃一边说吉利话，大概意思是"给孩子割光，割金门银门，以后发富，平安健康"。仪式过程中不需要准备其他东西，婴儿也无需打扮，只要将其头发剃了之后，将新买的帽子戴

在其头上就可以了。而在水边捞的小虾三天以后就可以放生，猪头和鸭等则是当天做给大家一起吃。

图1.1 老外公家的礼物（本书若无特殊说明，图片均为作者拍摄或绘制）

第二节　出生礼仪中的服饰类别及变化

乡土社会作为地缘关系、血缘关系、竞争关系、代际关系等诸多社会关系的交织点，在某些特定情境中，随着人际的流动，"物"充当了人际社会关系建构与维系的纽带。恰恰在充满人情世故的中国式社会里，"物"的流动在某种情况下成为人的情感表达方式。这种情感表达方式在黔中"蒙榜"苗族的出生礼仪中出现得颇为频繁，以现实中的"物"尤其是服饰的流动最为显见。在出生礼仪中，无论是亲家赠送的婴儿背扇，还是由爷爷奶奶、叔叔伯伯赠予的其他现代性服饰，都离不开血缘关系、姻亲关系的联动作用。正是长辈对晚辈的爱，这些复杂的情感让礼物有了"温度"和"人情味"。

一、背扇、花衣服服饰样式及图案分析

无论过去还是现在，家庭贫穷还是富有，在婴儿的出生礼仪中，背扇、花衣服具有特殊的"纽带"作用，被作为礼物流动于个体、家庭甚至族群之间。黔中"蒙榜"苗族服饰丰富多样，样式类别众多，尤其是背扇和花衣服被赋予了别样的含义，具有深刻的社会文化意义。

（一）婴儿挑花背扇

背扇是当地苗族用来背负和包裹婴幼儿的生活用品，没有性别之分。贵州少数民族背扇种类众多，按照马正荣的分法，主要可以划分为刺绣、挑花、蜡染、织花、布贴、混合六大类型[①]。在黔中"蒙榜"苗族社会里，婴儿背扇主要有两种类型。第一种婴儿背扇（图1.2左）由背扇心、背扇脚（又称背扇尾）、背扇带和背盖扇等部分组成。随着地域文化的交融，背扇的款式也在发生改变，当地苗族地区开始出现第二种（图1.2右）的圆形背扇，与传统方形背扇不同，这种背扇主要由背扇带和背扇两部分组成。从下图所展示的婴儿背扇结构图可以看出，左边背扇的构造明显比右边背扇的构造复杂。需要说明的是，在实际生活的使用中，背盖扇的实用性较小，基本上与背扇心连在一起，区别并不明显。

---

① 马正荣、马俐编：《贵州少数民族背扇》，贵阳：贵州人民出版社，2002年，第1—77页。

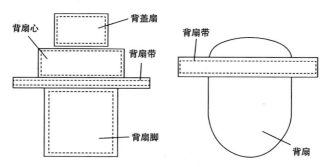

图1.2　婴儿背扇构造类型图

由于上图左边的背扇构成极为复杂，无论是机绣还是手工制作都要分块绣花，想要制作出成品需要耗费大量的时间和心力。尽管制作工序繁复，传统的苗族婴儿背扇依然受到人们的追捧。与第一种类型的背扇不同，右边的背扇制作比较简单，无需过多的勾勒、绣花。

正如当地人所说："以前在赶场看见客家些①背娃儿用这个，我们看到这个背扇觉得还可以，就绣花在上面，自己拿来背娃儿。他们那个没有花，我们这个有花，好看。"②于是，在对比选择中，圆形背扇逐渐在当地苗族的日常生活中流行起来。

图1.3　不同款式的背扇

---

① 当地苗族对于汉族或者其他民族的称呼。
② 2021年1月新寨田野调查资料。

以下是我们调查的访谈实录：

　　问：嬢嬢，你这个小娃娃背扇（传统背扇）和另外一个都是背扇吗？有什么不一样？

　　答：没有哪里不一样，都是背小娃儿的背扇。这个（传统背扇）贵一点，全手工的要几百上千块，另外一个比较便宜，有几十块钱、一两百块钱的。

　　问：那你们这个背扇是全手工绣的还是机绣的？机绣价格高不高？

　　答：有机绣的，也有手工绣的。通常机绣的要多一点，手工绣的要少点。像你看到我家这个手工绣的就只有两三件，那边就是机绣的，要多一点，价格也要低一点。不过现在买机绣的人比较多，便宜。

　　问：嬢嬢，像你们机绣的（传统背扇）都是自己用机器绣的吗？还有我看到那边那个上面的花好少，但是有字写在上面，这是有什么讲究吗？

　　答：机绣的花（料子）我们都是向人订的，有专门做花的厂，我们订的多，比较便宜。买过来以后我们自己用机器缝，然后就可以卖了。像你看到有字的那个，是我们看到其他地方的用这个背娃儿，我们就自己缝，绣起花自己卖，要便宜点，写字在上面图个吉利，拿来背娃儿，娃儿乖、不哭。[①]

　　可见，不同结构类型的背扇从制作方式到价格都是不一样的。纯

---

① 2021年2月24日羊艾机场田野调查资料。

手工与机绣比较，手工背扇要高出机绣背扇几倍价格。同种道理，手工花衣服和机绣花衣服价格也不一样。所以，不同类型的背扇出现有偶然也有必然，不仅是为了顺应时代发展和市场需求，在文化交融的大背景下，不同民族之间的文化交融是民族文化进一步发展的必然结果。

在出生礼仪中，婴儿背扇作为礼物而流动时，人们往往会选择第一种类型的背扇——传统背扇作为礼物赠予女儿或者亲家。而第二种类型的婴儿背扇较少出现在人们送礼的礼物清单之中。暂且不论品质、工艺、制作方式，两种婴儿背扇同样作为生活用品，但是传统背扇依然是当地人的首选。用他们的话来说，"两种背扇都不错，都是婴儿用的，不过第一种使用的人群百分之百都是我们苗家人，而第二种其他客家些也在用"①。

（二）花衣服的结构样式

在婴儿出生后的礼仪过程中，相关的苗族服饰只有在月米酒上才能以礼物的形式出现。这种呈流动状态的服饰类型主要是盛装，盛装底色有蓝色和黑褐色两种，便装同样只有两种底色，两者的区别在于绣花花饰的繁杂与否。盛装能够作为重要场合（仪式）的礼物（嫁妆），相对于便装而言在于"盛"。

总的来说，在出生礼仪中，一件完整的花衣服主要由头饰（包括绣花包头帕、银项圈及其他银饰等）、绣花和蜡画右襟绣花短衣、无领贯首衣、围腰、百褶裙、绑腿、绣花布鞋或者皮鞋等部分组成。其中头饰首先包括银簪子和银花，银簪子大头下垂圆形或喇叭形响铃，银花一般为三层，底层为下垂的圆形或喇叭形响铃，中层为可动的多只银蝴蝶，

---

① 2021年2月24日磊庄机场田野调查资料。

顶层为一只精美银凤凰，近年来也有用鲜花或塑料花代替。再次是耳坠（银耳环或金耳环）和颈部戴的数对至数十对银项圈，项圈下垂银锁和响铃。最后是绣花帕，红色的绣花帕主要是青年女性戴用。

　接下来是上身穿搭，主要有一两件内穿右襟竖领短衣，然后是外穿的挑花或蜡画的无领贯首衣（蜡画贯首衣如今比较少见），背披"花革背"①或"素革背"。

图1.4　挑花无领贯首衣正面（左）和背面（右）

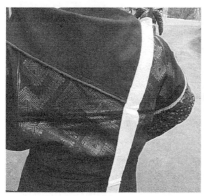

图1.5　蜡画无领贯首衣（左）和围腰（右）

----

① 当地苗族妇女对身上披物的称呼，现在花革背基本上不再出现在月米酒仪式上。

图1.6　着盛装的人

下半身的基本穿搭，主要是内穿短裤或马裤，外穿绣花或素色百褶裙（裙长50至60厘米，用布8.7至9.3米，有的绣花裙只绣裙脚，有的全为绣花），前系花围腰，围腰下摆用银响铃、有色空心珠子、苡仁子等穿成串。腿上打绣花绑腿，脚穿布鞋或皮鞋。

（三）服饰颜色搭配和纹样选择

1. 服饰颜色搭配

婴儿背扇的两种类型在颜色搭配选择上不同，第一种类型的背扇底色基本上是蓝色，人们于各个部分的底布上挑花，再将四个绣好的部分合在一起。挑花的线主要选择黄色、白色、红色（粉红和深红）、绿色等。最后再把韧性十足的毛线和尼龙线混合织成的背带与上述绣好的部分缝在一起织成背扇。其中背带的颜色并不是单一的纯色调，而是条理清晰的混合色，花花绿绿的层次分明。而第二种类型的婴儿背扇，在底色的选择上以黑色、蓝色、红色为主，在背扇中间部分用色彩鲜艳的线进行挑花。在两种类型的背扇中，第一种类型不被允许绣文字在上面，而第二种类型经常被人们绣上文字以作装饰。按照当地老人的解释，"第一种类型的背扇从老一辈人手里传承过来，从古至今，虽经历演变和改进，还是比较神圣。而第二种类型的背扇，并不是苗族独有，它更像是一个舶来品，融入了苗族的文化特色，其他民族也可以买"①。显然，加入汉字更多的是不同民族交融、顺应时代发展的需要。

同样地，花衣服（盛装）颜色搭配也有讲究，其主要是两种底布色：蓝色和黑褐色。从制作手法来看，一种是挑花盛装，另外一种是蜡画盛装。两种都是盛装，但蜡画底布是黑褐色和白色布料，现在常见人们使用黑褐色的布料进行蜡染。此外，现阶段主要流行挑花盛装，而蜡画的盛装比较少见，一方面的原因是蜡画色彩比较单一，且不易保存，有诸多不便，制约因素众多；另一方面的原因与当地年轻人的审美和喜好相关，他们认为蜡画盛装只是老辈人才会用的。这就直接导致了现在的年轻人对蜡画盛装并没有产生浓郁的喜爱之情。

> 我们做的蜡画（盛装）不易保存，不能经受太阳暴晒，晒久了上面的蜡会融化，也不能经受雨水淋，会发霉，更不能过多地折叠，会断裂碎开。它只能放在阴凉的地方，晴天有重要活动时不能久穿，只能赶紧脱下来。现在很多年轻人都不喜欢这样的花衣服，在我们这里想要找到很难了。虽然我家也在做这个蜡画（盛装），但基本上只有老婆子买。我们也不敢做多，想要只能提前订。②

---

① 2021年1月8日贵安新区新寨村田野调查资料。
② 2021年1月8日贵安新区新寨村田野调查资料。

2. 服饰中的纹样

背扇以及盛装对于黔中"蒙榜"苗族来说都是极其重要的。在纹饰的选取上，凡是生活中所见所闻，皆可以成为挑花的纹样，故而盛装从头到脚皆是绣满绚丽多彩、充满生活气息的花、鸟、鱼、虫。当地苗人对于纹样的选择和使用有一定的讲究，在某些特定的情境中总能窥得一些端倪。如在出生礼仪中婴儿背扇有蝴蝶、"福"字纹样，显然传达了人们对于新生儿的期盼和祝愿。总的来说，背扇和盛装服饰主要有几何类纹样、动物类纹样、植物类纹样以及其他文化交融类的纹样。

一是几何类纹样。这类纹样大体上有十字纹、回纹、井字纹、锯齿纹、水波纹等，以及日常生活中的几何化形态的图案，例如铜钱纹、硬币纹、太阳纹、星纹等。这些纹样是"蒙榜"苗族最古老的纹饰之一，主要来自生活中具有规则性质的图案，在时间的长河中不断地增加和完善。由于历史的原因，大多数苗族居住在偏远山区，这种特定的环境让纹样图案得到了最原初的保留。尽管这些图案得到保存，但是图案的含义在时间长河中逐渐被年轻一辈遗忘和丢失。当我们向当地女性问及背扇和盛装上面的纹样时，一部分上了年纪的妇女会模糊地讲到这些花纹饰是祖先传下来的，是老祖先迁徙时走过的路、跨过的桥，以及迁徙途中看到的山川河流、树木花草，把这些图案绣到衣服上是为了缅怀祖先，希望死后能够回到祖先身边，认祖归宗。而对于年轻一辈的女性来说，她们对这些知之甚少，基本上都会说"图案是老辈传下来的，我们都是跟着照做，这是我们的苗族的传统"。

二是动物类纹样。动物纹样主要是来自生活或神话之中的图腾，这些纹样的造型大多奇特夸张，包括龙、凤凰、鸟、牛、鸡、蝙蝠、蝴蝶、蜜蜂、鱼等。在这些图案中以蝴蝶、鸟和龙最为常见，例如在新寨苗族的背扇中，经常会绣有蝴蝶纹样，蝴蝶对于"蒙榜"苗族有着特殊的意义，它代表着苗族的始祖蝴蝶妈妈。因此，这种蝴蝶纹样在人们的眼里具有强大的能量，能够给予新生儿最大的保护，庇佑其健康成长，同时也能通过蝴蝶妈妈让苗族女性的母性魅力得到充分体现。再如苗族头饰中的银饰，就有鸟、龙、凤凰纹样，这些纹样代表着人们对这些图腾的崇拜，其更是某种隐喻上的象征、民族文化情感态度的体现。

三是植物类纹样。众所周知，贵州地理环境独特，植物种类繁多。苗族恰巧生活在这样的环境中，这种多样性植物环境为背扇、服饰的纹样采集提供了灵感来源。总的来说，植物类纹样众多，包括石榴花纹、百合花纹、牡丹花纹、玫瑰花纹、八角花纹、荷花纹等，还有一些不知名的花草纹。在实地的调查中，不同人的挑花绣法不一样，同一种花型的纹样表现风格也不同。

四是其他类纹样。这种纹样主要是受不同民族文化影响的结果。受汉族文化的影响，现代背扇中也出现了部分吉祥寓意的图案，如汉族传统的仙鹤、二龙戏珠、兔、鹿等纹样。此外还有在背扇上绣汉字的，如"福""乖宝宝"等字样。尽管这些图案纹样已经脱离苗族自身文化的范畴，但在中华民族多元一体化的格局下，足以说明文化交流状况的繁荣和汉苗文化的和谐发展。

二、作为礼物的背扇、花衣服

社会交往可以看作是一种至少在两个人之间的交换活动，无论这种活动是有形的，还是无形的，是多少有报酬的，还是有代价的。[①]按

---

① George Casper Homans, *Social behavior: Its elementary forms.* New York: Harcourt, Brace & World, 1961, p.13.

照这种说法，盛装服饰与背扇也可以被看作是社会交往中的一部分，其在出生礼仪中被人为地赋予极为重要的含义。

在出生礼仪中，背扇和花衣服主要来源于父母、公婆。通常情况下，"父母会去看望刚生完孩子的女儿，同时会带一些婴儿的用品，主要是尿不湿、孩子穿的小衣服，衣服主要是在集市和店铺购买的，有的父母会什么也不买直接给现金，给的时候会对女儿夫家人说让他们为女儿买补品"[①]。

到月米酒时，父母会为已经生孩子的女儿准备嫁妆，尤其要准备背扇和花衣服，一般有两种情况：第一种是母亲亲手为女儿做的花衣服，这个耗时久，一般只有一套或者两套，背扇同样如此；第二种是在集市上直接购买或者提前一年以上在店铺订做，随家族财力而为，没有数量要求。对于公婆而言，也有两种方式，第一种是递赠，将祖辈流传下来的背扇转赠给儿媳（如背过儿子的背扇又用来背孙子），这是一种血缘情结，也是希望后辈能够得到祖辈的庇护；第二种是直接在街上购买，这种方式更易被接受，因为对于现在大多数年轻人来说，他们的人生观和价值观已不同于祖辈，对于上述传承式的背扇不怎么能够接受。此外，关于背扇赠予，还有一种情况，如果男方是家里兄弟姊妹中排行最小的，那么他的姐姐们有时也会送自己用过的背扇，当地人解释说，这样孩子会好养。

三、出生礼仪中男女服饰穿戴与禁忌

"蒙榜"苗族只有在重要的场合才会穿着盛装出席。近些年国家

---

① 2021年1月9日贵安新区新寨村田野资料，访谈对象为L阿姨。

主张节俭办礼、反对铺张浪费，"蒙榜"苗族的出生礼仪也或多或少地受到了影响，不允许像以往那样大操大办。尽管如此，也无法降低该仪式在"蒙榜"苗人心目中的地位。如今的月米酒形式更加简单，邀请的客人也更加固定和集中，通常男女双方只通知直系亲属，并告知亲属在某年某月举办月米酒即可。乡土社会是一个人情社会，"蒙榜"苗族里有"一家事全寨帮"的传统，但此时月米酒由以前集体性的互助转变成男女方直系亲属之间的帮忙。因为对月米酒仪式有了界定，所以月米酒仪式由以往群体的狂欢变成了家庭式的集会。尽管现阶段是小范围的集会，但并不影响当地苗人对于该仪式的重视。

按照以前的风俗，在月米酒仪式上，无论男女老少都会穿着整洁、干净的服装，但人们会因不同的场合和俗成的规定做出相应的反应。以男性服饰穿戴为例，主家、前来帮忙的男性寨邻，以及女方家里来的男性客人，不会穿自己的民族服装，都是日常生活中的普通装扮，与汉族无异。在穿戴要求上，只要干净、得体、整洁即可。

相对于男性而言，女性的穿戴就稍显复杂。中年妇女在这种重要的场合有两种穿戴，第一种和老年妇女的穿戴基本一致，将头发绾成发髻，再头戴蜡画帕，而上衣和裤子基本上和汉族妇女一样；另一种也是将头发绾成发髻，然后再戴蜡画帕，但是上身一般穿素色右襟短衣，身披素色花革背，腰系挑花短围腰，下身穿黑色直筒裤，接着穿一双黑色皮鞋。如果是在秋冬季节，为防止遭受风寒，她们还会再套一件长风衣，有表演时才将衣服脱掉。

尽管现在月米酒活动不再像以前一样是全寨的狂欢，但是这丝毫不影响青年妇女和未婚女性在仪式活动中用心装扮。在以前的月米酒仪式上，青年妇女基本上是整个仪式活动氛围的制造者，因而她们的穿着备受全场的瞩目。按照以前的月米酒活动流程，一般这些已婚的青年妇女会不约而同地组织起来，此外还有寨上已成年的未婚女性，她们一起为男方家或者女方家表演节目。这部分女性一般是将发髻绾成"品"字形，头戴绣花帕和发簪，脖子上戴银项圈或银锁，身穿右襟竖领挑花短衣，下身穿素色短百褶裙，颜色有黑、蓝和红三种，脚穿黑色皮鞋或靴子（如图1.7所示）。因为这种穿着相对于盛装而言比较简便，更为舒展，利于表演，也比较符合这个年龄段的女性。除此之外，其他女性基本上都是日常穿着。

图1.7 苗族青年妇女装束

相对于以前的月米酒仪式，现在家庭式的月米酒仪式仅仅局限于直系亲属之间。这种被框定了的出生仪式活动，大范围地限制人们和寨子或者亲属之间的联系，相应地缩减人力、物力和财力的输出，家庭式的聚集让直系亲属之间的凝聚力更加提升。

通常来说，在出生礼仪上，如果没有特殊的要求，"蒙榜"苗人的穿着基本上和当地汉族男女的穿着是一致的，没有太大的区别。但是，在这种场合上人们还是有所忌讳。服饰要干净整洁，穿这样的衣服能够给人留一个好的印象，说明来人比较注重这种场合，是尊重主人家的表现，代表着主家的脸面。

第三节　出生礼仪中的情感表达

背扇和花衣服作为每一位"蒙榜"苗族妇女的必备之物，无论家境贫富与否都会准备。如果说拥有背扇是对繁衍子嗣、血脉传承的殷切希望，那么拥有一套盛装则是对于美好生活的向往和期盼。按照生活的适应性来看待两者，显然背扇更加具有实用性。因为在成家立业、有了孩子之后，背扇会更多地伴随着女性的日常生活，从背着孩子赶场购物、走亲访友、参加节日聚会到进行家务劳动、田间劳作都离不开背扇，所以相对于盛装，背扇更加贴近生活和日常起居。对于苗族女性而言，无论是何时、处于什么年龄阶段，拥有一套盛装都能够满足心里的自豪感和荣誉感。然而，在实际生活中，也只能在一些特定场合看见"蒙榜"苗人盛装出席。总之，在出生礼仪中，从"背扇""花衣服"的来源、制作过程、流动方式、最终归属等，能够看到"蒙榜"苗人的情感世界，以及他们如何透过物去表达情感。

一、花衣服的赠送：母女之间的情感

在我国古代诗歌中，有描述父母与子女情感的诗《游子吟》："慈母手中线，游子身上衣。临行密密缝，意恐迟迟归。谁言寸草心，报得三春晖。"在其中我们能够清晰地感受到"手中线""身上衣"等物上面所凸显的母子之间的个体情感。在"蒙榜"苗族的出生礼仪中，作为身上衣的花衣服亦是这种母子情感的集中展现。

在黔中"蒙榜"苗族社会里，母亲与女儿的关系尤为亲密，从女儿出生到成人再到谈婚论嫁，母亲总是给予女儿最多的关爱。在"蒙榜"苗族出生礼仪中，会通过赠送花衣服的形式拉近母女之间的联系，同时借以花衣服表达母女之间的特有情感。

月米酒是我们家独有的，我们一般都是生完娃娃以后办酒，和其他苗族不一样。像我家姑娘，生完娃娃没多久就办月米酒，不过没有请酒席（因为政策不允许），办月米酒的时候和我们说了。（之前）我也晓得我家姑娘要不了好久就要生了，所以我就提前准备买背扇、买花衣服这些。本来我要自己做的，但是时间来不及，就在街上买。

像我家姑娘生小娃娃，才在医院待几天就回家了。我们家给娃娃取名字是要我们一起去，我们去的时候就拿了一些鸡蛋，带了一些娃娃用品，在母婴店买了一些婴儿衣服带起去。那天我和我家姑娘讲了好些事情，都是些带娃娃方面的常识。

以前的月米酒像现在结婚一样，我们要拿好多东西，不管（家里）有没有，都必须要拿起去。像我家姑娘结婚，我们就买冰箱、电视机这些。以前办月米酒的时候，家里的亲戚都要去撑面子，显得我们家人多，我们家有人。但是（女儿办）月米酒那天我们这边就只有几个亲戚去了，现在都是不敢办酒，又是疫情防控期间。我们带了4个背扇，两套花衣服（一套黑色，一套蓝色），衣服上面花没那样多的讲究，好看、有花都可以了。衣服是我妹和我一起去街上挑的，花一定要鲜艳好看的，不好看的要被人家说闲话。还有被子、柜子，还有好多东西，都要放在门口展示。

我们带这么多东西也是有私心的，我们家和他们家（亲家）开亲了，不开亲是两家人，开亲了是一家人，拿少了怕人家看不起，怕我家姑娘以后日子不好过，两口子吵架，也怕他们那边的人说三道四。就算再穷，也会买个柜子，做一套花衣服。买这些表明我们家是有能力的，那个（亲家）也不要欺负我家姑娘。①

女儿出嫁之后，组建了自己的家庭，有了孩子后身份发生转变，母女之间的亲密、依赖、认同等情感进一步升华，表达上也更加多元化。由此，娘家人以花衣服、背扇、柜子等作为嫁妆送往女婿家，显然是想通过礼物来构建稳固的姻亲关系。而类似月米酒中娘家人背扇、花衣服的展示，则是物在流转中通过集体聚集、展示，营造出娘家人的能力，同时抒发一位母亲对于女儿的"私心"，即希望女儿能够扮演好角色，承担起相应的社会责任和义务。

正是在这种情况下，作为母亲，在女儿身份转变后，不仅要在私下里传授女儿如何做一名"好妈妈"养育好子女，也在担忧其离开娘家在另一个陌生家庭生活的不适。这种情感随着时间的推移逐渐转变为私心，通过在月米酒仪式上进行礼物的展示而被放大，即将花衣服作为母亲的礼物馈赠给女儿、将背扇赠予外孙，表达母女之间、祖孙之间的情感，一方面传达对家庭新成员的期许，另一方面通过这种礼物赠送维持和巩固姻亲关系。

---

① 2021年7月17日凯掌村田野资料，访谈对象为Y阿姨。

二、背扇的承袭：婆媳之间的情感

众所周知，婚姻缔结让女性从女儿转变为媳妇、妻子，让男性转变为女婿、丈夫，而新生命的诞生和出现意味着这种身份角色趋于稳定。如何扮演好父母角色？显然不是自然习得，而是通过长辈们的生活经验习得。

在"蒙榜"苗族社会，公婆会将这种个人生活经验发挥到极致，通过某些特定物的隐喻告知儿媳要如何扮演并适应这种角色。最显见的就是背扇的传承，从上一辈人的手中传承下来的背扇再次得到利用，如背过儿子的背扇又被用来背孙子。尽管这种传承式的背扇在当下苗族社会里比较少见，但是在过去的确是风靡一时，考虑到经济原因和隐喻意义，这种形式的背扇是过去苗族社会生活的不二选择。既是希望孙子孙女能够像父母一样沾沾福气、好养，又是对于儿媳身份转变为一位母亲的"期待"。这种"期待"是一种情感的体现，尤其是对处理好婆媳之间的关系与维持家庭和谐，彼此都有跨越界限的"期待"。这种期待的情愫不言而喻，通过背扇的流转和传承，于无声中表达出来，即期待彼此能够扮演好好婆婆、好奶奶，好儿媳、好母亲的角色。

尽管这种传承式的背扇已经逐渐被时间遗忘，但是这种透过背扇表达婆媳之间的情感和相处情景的表征途径依然存在。正如上述出生礼仪中公婆和儿媳之间礼物的流动和生成形式，待儿媳生产，公婆也会长侍左右，第一时间准备婴儿用品，诸如尿不湿、服饰套装、婴儿包帕，生产后公婆悉心照顾，准备营养补品等，扮演好一位奶奶和婆婆的角色。通过这种行为拉近婆媳之间的距离，增进彼此情感交流。

三、悄悄话与知心人：平辈之间的情感

家族添丁是一件喜庆的事，主人家要邀请亲朋好友来家里吃月米酒。尽管如今的月米酒在亲属邀请的范围上有所限制，但这丝毫不影响兄弟姊妹之间的情感表达。

> 在得知哥哥或弟弟家（姐姐或妹妹）生孩子之后，如果离得近，兄弟姐妹都会前去祝福，或买婴儿衣服，或微信转现金，或带补品等去看望产妇，不在乎钱多钱少，只要有心意就行。如果要办月米酒，长兄长姐要提前去帮忙，传授相关经验。[①]

显然，这种基于血缘的情感最难在时间的浪潮中流失或舍弃，因为从小到大的陪伴和成长，这种情谊更加绵延悠长。在中国乡土社会里有"长兄如父，长姐如母"的说法，可见姊妹之间的情谊非同一般，彼此是"知心人"，可以互相说悄悄话。在结婚以后，年长的姐姐或哥哥就担起一种教导生活经验的责任。这种基于血缘、亲情的"知心人"关系并没有随时间湮灭，而是得到进一步发展，尤其是在婴儿养育阶段，长兄长姐的相关经验分享，使得这种"知心人"式的情感在姐妹（兄妹）之间生根发芽。

但是，并不是所有的"知心话"都可以对家人和自家姐妹说。这

---

① 2021年7月16日凯掌村田野调查资料。

时，"姨妈"①成为了这种情感的倾诉对象。作为新晋母亲的姐妹，"姨妈"自然而然地在这种重要的场合出现，可以让新晋母亲以说"悄悄话"的形式诉衷肠。同样地，姨妈在出生礼这天不会空手而来，为了表达对于新生命的崇尚和欢迎，以及对于姐妹之情的留恋和珍惜，姨妈们往往会购买一些婴儿日常所需作为礼物，既是表达对婴儿的喜爱，又是用以传达姐妹之间的情感。因此这种"知心人""知心话"逐渐形成了一种表达机制，构建起一种特殊表达空间，既脱离于礼仪之外，又在礼仪规范之内，这种机制让转变身份后的女性能够在这个自由的空间里向姊妹、姨妈纾解情绪。

四、家族（家庭）的连接：姻亲关系的维系

婴儿的出生礼仪作为一个公共事件，在"蒙榜"苗族社会里已经潜移默化地成为了集体表达情感的途径。原本独立的个体和家族（家庭）得以形成大的集体，最终产生共同体的凝聚力，而这种由个体、家族和村寨形成的凝聚力，又通过新生命的降临所形成的出生礼仪活动，经由礼物的流动和展示进一步加强。

按照"蒙榜"苗族的说法，在出生礼仪中月米酒仪式活动是两个家族（家庭）的初次"较量"，这种较量往往被当地苗人称作"两棒做一棒打"②。但是由于一些客观因素，这种月米酒活动在当下已经日渐式微，取而代之的是开始变得复杂的婚礼仪式，成为了双方"较量"的第一战场。尽管如今的月米酒仪式缺少了"人气"，只在亲属之间

---

① 特指关系极好的女性之间的称谓，相当于结拜的干亲。
② 当地俗语，意思就是将结婚酒和月米酒一起办，这是当地苗族的传统。

小范围地举办。因为双方亲属都是内部聚集，这种由新生命降临家庭牵头的集会，更能直接展示亲属内部（主要是血缘关系）对于这种集会的情感。花衣服和背扇在"蒙榜"苗族的日常生活中不可或缺，且最为珍贵。因此依照传统，花衣服和背扇在月米酒仪式上出现会被人津津乐道。母亲会将自己的"私心"通过精挑细选的背扇、花衣服进行展示，如果花衣服、背扇以部分的方式出现，将达不到"震撼"他人的效果和目的。

　　我生我家老大的时候，我们这里还可以办月米酒，那时村委会查得不严格。现在我们这边大多数的（人）悄悄地在酒店办，不在家办。但是这个在酒店办就没有了很多东西，不复杂。
　　我娘家离这边也比较近，我是在医院生的小孩，没有来看我。孩子生完以后我妈给我打电话，她转了点钱给我，说叫我老婆婆买点好的给我吃。我们家（孩子）取名字时我妈他们是要来的，他们带了鸡、鸡蛋、小娃娃衣服这些来。
　　我家老大办月米酒的时候是在家里办的，热闹得很。孩子的外婆外公、舅爹舅妈都来了。他们买了背扇，然后我妈又给我拿了一套花（衣服）。其他就是被子，一个柜子。不是各自提起来，是一起用面包车装起来，到时候还要放在门口展示给大家看。各自提起来不好看。他们来不是当天走，还要在这里歇一晚，在这里耍。吃完晚饭，男的在一起喝酒吹芦笙。这里也有他们认识的姨妈，他们就在一起聊天耍，跳舞。①

---

① 2021年7月17日凯掌村田野调查资料，访谈对象为T姐。

显然，在"蒙榜"苗族社会举办月米酒的过程中，娘家人及他们带来的礼物并不是单独的，而是汇集在一起，并作为代表娘家人的整体形象出现的。而这样做的真正目的就是给他人"展示"。可以想见，这种礼物充分展示的背后所表现出来的名誉和情感。当作为个体的人融入集体，再以集体的形式将个人力量转变为集体力量，个体情感也因此找到了合适的表达途径。新生命的降临，是家族开枝散叶的表现，也是血脉延续的表征。无论是母亲借助月米酒仪式活动慰问女儿生育儿女的辛苦，女儿向闺蜜（姨妈）分享初为人母的喜悦幸福，还是家族之间为了进一步维持这段姻亲关系，集体庆祝新生命降临，分享彼此喜悦幸福的心情，都是个体将花衣服、背扇和他物汇集，由个体的情感上升到家族的集体情感的结群策略，使得人们的情感世界更加多元化。

五、好亲家与好婆家：双方家庭形象的展示

如何维持和稳固姻亲关系使之受到彼此的认可？答案是须获得"好婆家""好亲家"的赞誉，传统的月米酒仪式就是表达和展现这种赞誉的场合。想要得到一个"好婆家"的赞誉，婆家在儿媳怀孕、生产之时就开始以儿媳为中心，最直接的就是对儿媳细心照料。

> 在我怀孕的时候，我基本上就没有做什么家务，都是婆婆帮忙做的。刚刚怀孕那个时候还好，我还可以自己洗洗自己的衣服、做做饭，但是很多时候他们做好叫我吃。（日用品）都是提前准备，主要是婆婆和老公会在很早之前就开始在街上买母婴用品、衣服。有一些我看不上，我自己也会在网上买。在后面临产的时

候，什么都不让我做了，整天让我注意休息。坐月子，也是什么都没有做，都是他们照顾我。娃儿有时晚上哭，我婆婆起来帮我一起带。月米酒这些也是婆婆、老公他们准备的。我娘家那边基本上很少过来玩，大家都有自己的事。但是还是会经常地打电话给我，叫我注意一些事情。①

显然，想要获得好婆婆的形象，婆婆在日常生活中必不可少要帮忙，比如分担一些家务。诞下子嗣不仅会让姻亲关系得到维持，婆媳之间的关系也会得到缓和。婆家想要得到亲家的认可并不止日常生活中的帮衬，还有一系列围绕整个家庭的运转重心——儿媳所展开的礼俗与规避。此外，婆家办好孩子出生礼仪的系列活动，得到亲家的认可，也可以使亲家及其亲友们认为他们女儿的婚姻是成功的，女儿有福气，找到了好去处。

当然，好亲家也需要得到外人的认可，这种基于新生命的诞生而产生的礼仪活动是最容易得到认可的途径。当地人对孩子的月米酒格外重视，用他们的话来说，结婚是双方男女的选择，如果结婚了没有孩子，女方还可以再选择，而生下孩子办月米酒就是宣布和确认婚姻的有效性。②

亲家在得到邀请后，会送信给亲属们，大家一同参与新生命的庆贺。以集体的形式参加亲家的月米酒礼仪活动不仅可以彰显家族的集体力量，也可以缓解一家独办的经济压力。因此前去参加月米酒的礼仪的直系亲属基本上都会带礼，最常见的礼就是背扇、被子，最终与

---

① 2021年7月17日凯掌村田野调查资料，访谈对象为T姐。
② 2021年2月23日贵安新区新寨村田野调查资料，访谈对象为LZQ。

父母准备的花衣服、柜子等汇集在一起在月米酒当天展示。传统月米酒礼仪中"两棒做一棒打"的方式，在减轻经济压力的同时，为婚姻不确定的智慧处理提供了多面选择。月米酒当天，男方家要向己方家族、寨邻展示女方家提供的礼物，并且好酒好肉招待，陪好远来的客人，双方一起开开心心庆祝新生命的降临。

如今的月米酒已经禁止大范围宴请，婚礼反而被当地苗人重视。月米酒须送的礼物会提前准备，如女方家购置的家具、花衣服，以及亲属们的礼物会事先在婚礼中赠送，而背扇则还是会由出生礼中小范围邀请的亲友赠予。但是不可否认，无论是现在还是过去，个体都是想要通过集体的力量在特定的场合情境中获得情感诉求，而最终都是为了维持这一段姻亲关系，塑造好亲家、好婆家的形象。

六、集体行为与认同：寨邻情感的联络

在出生礼仪中，时间地点都是既定的，在男方家通知女方家之后，男方家就要开始筹备这场姻亲之间的聚会，而女方家同样也会通知直系的亲属和旁系亲属，这时大家都要为一起参与这场集会用心准备。在所有的礼物中，花衣服、背扇、柜子必不可少，其他基本上视情况而定。我们在凯掌村进行田野调查时，当地人这样描述关于月米酒的集会：

> 一般旁系亲属也好，直系亲属也罢，在月米酒当天都会和女方家一起前往男方家，一方面男性在各个地方都有自己的伙气①，女

---

① 相当于结义兄弟。

性都有自己的姨妈，因此这种集会能够两头顾，一起见面聊天、吃饭、喝酒。双方对礼并不看重，但是花衣服、背扇、柜子必不可少。在十几年前的月米酒中，大家都穷，都是拿糯米、酒去参加。女方家去的人越多，男方家越高兴，表明两家婚姻得到家族的认可。同样地，跟随女方家去的人越多，表明寨邻家族亲属都承认女方家开亲。而在男方家筹备的月米酒，也同样有这种效果，来帮忙的人越多，证明男方家在村寨里越受到大家的认可，大家很乐意去帮衬，一起招待前来的客人们，好酒好肉招待。当然这里面也有一种"人情"在里面，你帮我，到时候你家有什么事我也去帮助你。两个家族会面，男方家都会热情款待，饭桌上推杯换盏，唠家常。即使现在月米酒活动已不再如当初一般大规模地举办，只是直系亲属之间的聚集，也能够将这种集体的荣耀展现。①

因此，这种场合的家庭聚会，一方面是共同庆祝生命的降临，分享双方家庭的喜悦、幸福；另一方面表明个人与社会之间的关系，个体借以物的流动融入集体。女方家借以物表达获得认同并展现集体荣耀，而男方家则是尽可能办好酒宴，热情招待好贵客，进而在这种欢庆的宴席中获得集体认可，表明男方家所在的村寨是婚姻缔结的理想村寨。

---

① 2021年7月18日凯掌村田野调查资料。

第二章　婚礼的服饰与仪式

依照拉德克利夫-布朗（Radcliffe-Brown）的观点，通过婚姻的缔结，男人和女人开始了一种特殊而亲密的关系。[1]这种婚姻关系是"立足于人类自身生产的基点，是对人类性行为的制度性规范，也是一种制度存在。婚姻制度是一个由诸多要素构成的综合体，其中某些要素的改变，必然牵连到其他要素的调整，也往往会导致婚姻制度的某些变迁"[2]。因此，婚姻作为一种社会制度，会受到血缘、亲缘、地缘、业缘以及趣缘等各类因素的影响。[3]黔中地区"蒙榜"苗族的婚姻也发生着巨大的变化，婚礼的举办同样受到社会变迁带来的影响，成为传统与现代糅合的产物。纵使如此，这丝毫不影响家族之间和寨际的情感互动，以及在婚礼上的庆祝和狂欢。大体来说，黔中"蒙榜"苗族婚礼可以分为婚礼前的基础和准备、婚礼进行时和婚礼后续三个部分。

① 拉德克利夫-布朗:《安达曼岛人》，梁粤译，桂林：广西师范大学出版社，2005年，第179页。
② 刘锋、吴小花:《苗族婚姻制度变迁六十年——以贵州省施秉县夯巴寨为例》，《民族研究》，2009年第2期，第38—46、109页。
③ 李宁阳、杨昌国:《传统的延续与现代的糅合——文化变迁视域下西江苗族婚姻文化的社会人类学考察》，《地方文化研究》，2020年第2期，第36—50页。

第一节 黔中"蒙榜"苗族婚约缔结与礼俗过程

黔中"蒙榜"苗族传统婚礼从两性的相识开始，到相知、相约、相恋、相爱，然后进行婚姻关系的确认，即提亲、认亲、定亲。按照当地苗族的规矩，男女两性从12岁起，就被赋予相约一起赶场和玩场的权利。尤其是在重要节日，母亲会为儿女盛装打扮，让他们去结群游玩。正是这种鼓励与应允，使得年轻的男女在达到能够结婚的年龄之前，通过玩场、跳场选择适合的结婚对象，为最后缔结婚姻提供了机会。

一、婚姻缔结的基础和接亲前的准备

（一）婚姻缔结的基础

在举行婚礼之前，"蒙榜"苗族的青年男女基本上都有一段游玩的经历。确切来说，这种经历是婚姻缔结的基础，因为在苗族社会里非常重视和赞同这种自由恋爱。除此之外，双方只有征得彼此父母的同意和认可，才能被赋予社会性权利。父母则是子女婚礼的主要参与者和组织者。

新人是在跳场上认识的，当时新娘年龄小，两人慢慢相互了解，时间久了两人确定恋爱关系，两人达到了相应的年龄时，彼此将对方的存在告知父母。于是双方父母为两人准备服饰和婚礼所需。在双方结婚之前有几道程序。一是请媒人（不能随意请）说亲事（上门提亲），这时媒人要拿着酒和糖果前往新娘家，说明来意，看新娘家是否同意。如果同意，就应下这门亲事。二是带着双方一起说这门亲，一起吃饭，要问清楚新娘家有多少亲戚。三是双方商量亲事时间，给女方亲戚送一壶酒，一封糖果。[①]

我们在贵安新区马场镇林卡村做调查时，有幸全程参与了一场婚礼。根据男方亲友的讲述，当地男女青年结婚前，都有个体相识和双方家庭互动的过程。以下是我们田野调查时的资料整理：

当地每年的春节跳花、二月阳、四月八、六月六、七月半（米花节）等"玩场"，都是男女青年自由恋爱的时机。男女青年盛装出席这些场所，然后自由恋爱，经过一段时间的相识、相知、相恋、相爱之后，彼此认为可以相互托付终身时，告知自己的父母。这时男方父母请一个双方家长都熟悉且命运较好（儿女满堂）的人做媒，前往女方家提亲并征求女方父母意见。应允这门亲事之后由媒人将女方家意见向男方家长传达，这时男方家要备一份见面礼，据介绍，以前通常为一壶酒、一封糖、一双鞋、一把布雨伞，而现在简便很多，主要拿酒和糖。于是择吉日由媒人到女方家正式提亲，并由媒人代表男方邀请女方及女方父母、叔叔、伯伯等到男方家吃席认识（实为看家底）。

---

①　2021年3月7日石板镇田野调查资料。

男方家则是要请家族血缘关系最近的叔叔、伯伯及堂哥等陪同吃酒。酒后，待女方及其父母等返回时，男方要打包粑粑赠予女方，所有陪同的人都有，一般是两升米的糯米粑。这样之后就算定下亲事，再之后就是根据男女双方意见商讨吃喜酒日子。男女双方商定吃喜酒的时间后，男方家要请媒人到女家询问女方家有多少亲戚，男方家要按女方家提供的亲戚数，每户备一份礼品（酒、糖），女方告诉亲朋好友自家婚事，并请他们一起赶到男方家吃喜酒。据当地人介绍，在几十年前，上一辈人结婚时不需要吃酒，只是在双方规定的时间里，男方带着礼物去，晚上把女方连同姊妹（一个或两个）悄悄地接到家里，第二天再去接女方父母，这样就算结婚了，不会大肆办酒席。①

确定婚姻关系期间，是男女双方步入婚姻殿堂、转变社会身份的一个阶段。双方只有在自由恋爱的基础上成人之后，拥有稳定的感情基础，认定彼此就是一生中的另一半时，才能被父母应允组建新的家庭。

（二）接亲前的准备

我们于2021年3月7日至9日在林卡村滥坝组参加了一场婚礼。3月6日晚上到达滥坝，并与报道人（L哥）一家一起了解了男方家的一些情况。经询问得知，新郎新娘两人是在玩场的时候认识的，后面一直保持联系并谈恋爱。确定婚期后，男方家去女方家定亲时带一套黑色盛装和若干彩礼作为定亲信物，之后两人穿盛装拍了现代时尚的婚纱照、

---

① 2021年3月8日林卡村滥坝组田野调查资料。

结婚纪念册。

1. 祭祖及接亲礼物的准备

3月7日上午8点左右，由主家去养猪场买猪，并且把猪运回家。挑选的猪要有尾巴的才行。当地有这种说法：（办事要）有头有尾，尤其是办喜事。9∶30左右在新郎家堂屋祭祖（家祭），一共分为两次，一次是杀猪前，另一次是杀猪后。当我们进入堂屋时，堂屋中央临近神龛处已经放好相关用品（一张四方桌上正中间放一升斗糯米，升斗的左右两侧放两根点燃的蜡烛，糯米正中间插点燃的三炷香，还要放一个红包。桌子上还有米酒和米饭各一碗，以及破开的两块竹片）。家祭仪式由新郎的爷爷（当地人叫老太爷）负责操持，同时他也担起了祭师的职责。根据老太爷的介绍，每家都有对应的祖先，别人家说的祭祀词，自家祖先是听不懂的。家祭时都会选择家族最年长的男性老者，或者是请道行高的鬼师担当祭师。当天老太爷在念祭词时既有用到苗语也用到了汉语。根据报道人的翻译，祭词主要说明这个家族是从什么地方来，经历了什么，祖先是哪些人，从古到今的亡者有哪些，然后再说明今天祭祀的原因是什么。与此同时，还要扔两块竹片卜卦，落在桌上的两块竹片，同正说明很好，同反或一反一正说明不太好。不好时老太爷又要反复持续和亡者祖先对话，直至卜到好卦。在完成这些之后，祭师会烧纸钱，然后通知杀猪匠可以开始杀猪了。

第二次祭祖是在猪杀好之后，这时祭师会割一小块猪心，用来祭奠祖先，这一块猪心放在碗里，用开水烫。祭师与之前一样与祖先对话。老太爷说，这些祭词是由老一辈人口传下来的，晚辈们跟着上辈学。现在是网络时代，这些祭词通过录音的方式得到了更好的保存和传承。连着尾巴的猪右臀和猪脚被当作接亲礼物，当地苗族接亲都是这样，使用带猪尾的肉代表着新人会有头有尾、从一而终。

图2.1 新郎家的聘礼

2. 新郎接亲时的穿戴与打扮

在迎亲时，新郎也是盛装打扮。包头帕则需要请男性长者帮忙，据介绍，像这种新婚喜事，按照老一辈人说法，都会请家族里威望高的长辈帮忙包长头帕。先是家族长辈包完头帕，随后再给新郎以及接亲的堂弟包头帕。新郎的头帕要用红线固定，寓意喜庆。但是，新郎堂妹的花衣服并不由这位技师帮忙穿戴，而是由其奶奶或家族年长女性帮忙。新郎的堂妹和堂弟一起组成金童玉女，有着成双成对的意蕴。

技师在中午12点至1点之间开始于堂屋帮助新郎穿衣。师傅先帮新郎戴头帕，再帮其穿接亲所需的红色长袍，一边穿一边还要说吉利话，红袍穿好之后还要穿当地苗族的青色长衫，接着再穿一件红色长衫。吉利话用苗话说出，内容并不固定。根据技师的翻译，主要是祝福新郎能够顺顺利利接亲回家。长衫穿好后，紧接着系黑色腰带，起着固定衣服的作用。

在上述穿戴完成之后，要为新郎穿花衣服。通常来说，新郎的家人是不能给他穿的，只能请家族女性长辈，当地人称之为伯妈①来帮忙。请帮忙的伯妈有一定的限制条件，首先是家境好（有头有脸），其次是八字生肖要和新郎匹配。新郎穿戴的花衣服主要有花围腰、背帕、围裙、铜锁，在我们参与的这场婚礼中，新郎身上的花围腰、背帕、围裙则是其大姐缝绣的。

图2.2　正在穿盛装的新郎

3. 接亲山歌队的服饰

当地的接亲山歌队大多是由家族的已婚女性和他姓苗族妇女组成。她们的服饰并不是传统的花衣服，而是融入现代元素的简装，主

---

① 当地苗族对于家族里的女性长辈（一般和父亲平辈）的称呼。

要是由花革背（革棒）、黑色或藏青色头帕、右襟短衣、挑花短围腰、黑色直筒裤组成。

在当天的接亲队伍中，除了女性山歌队，还有一支男性山歌队。按照当地的规矩，以往都是请女性山歌队前去对歌，"我们（有）两个山歌队，这次换成男性（山歌队）去负责接待女方家的山歌队，这是秘密武器"，主人家很是自豪地向我们这样说道。男性山歌队也是简装打扮，头包青布头帕或纱帕、身系腰带。

图2.3 新郎家男女山歌队装扮

男方家为接亲准备的礼物有：两只公鸡，新编的竹笼（主要装鸡），两条扁担，扁担挑一箱炮仗、一卷火炮、两个礼花筒、一套黑色花衣服、鞋子、内衣、右襟短袖（新郎大姐绣的）、一块带尾巴的猪肉和一块后腿肉、捧花等。接下来是把接亲礼物准备好，全部放在堂屋中间，山歌队妇女和新郎兄弟团到堂屋左侧和右侧。山歌队为新郎和新郎家唱歌祝福，大概意思是"今天去接亲，大家开开心心去，把新娘接过来"。这时男方家要给山歌队以及伴郎们发红包。

新郎的父母并不会去迎亲，主要是由伯妈们代劳前往。没有去迎亲的亲友要在新郎家的院口，帮忙制作拦门——用当地的竹子做一扇拱门，目的是女方家来人时要将他们拦在门外对歌。

二、婚礼过程

（一）出门接亲

接亲队伍由新郎、伴郎、花童、媒婆、挑礼物的师傅以及山歌队组成，大约在下午5点出发。新郎身着盛装、手捧鲜花与5名伴郎（主要是新郎的好友、伙气）及身着盛装的两个"金童玉女"一起出门。以前伴郎也要穿"花衣服"，但是随着时代的改变，又因"花衣服"穿戴的过程十分繁琐，所以就改穿现代的伴郎服。

出发前，山歌队要唱山歌祝贺主家，大致意思是"今天是个好日子，我们出门接新娘，自从今天接回来，明年就添好儿孙。一对蜡烛亮堂堂，今天是个好日子，要陪新郎接新娘，自从今天接回来，明年添个好儿孙……"。唱完后新郎妈妈给每位唱歌的人发一盒喜糖和一个红包。负责挑礼物的师傅中，一位挑鸡，另两位挑聘礼，由挑鸡的师傅说一些吉利话恭祝主家，希望能够顺利接回新娘。之后，接亲队伍就浩浩荡荡出发了。

对于负责挑聘礼的人员选择也是有讲究的，首先挑鸡的师傅必须没有离异、配偶尚在、能说会道，否则就会与新郎相冲。而另外两个负责挑礼物的师傅在满足挑鸡师傅的条件之外，还要家境好、家庭和睦、有成就，在村里体面、能说上话，只有这样的人才能有资格胜任挑礼物之职。

（二）接亲进行时

1. 新娘家的拦门酒

由于路程遥远，主家的接亲队伍是开车去新娘家的。按照当地习俗，师傅们挑的聘礼和两只鸡，从新郎家出门一直到进入新娘家前都不能放地上（可以放在车上），挑的人也不能换。新郎接亲队伍到达新娘家门口时，新娘家已经设好拦门酒，目的是要和新郎家对山歌，唱的山歌数目不一定，但是双方唱歌的人必须是双数，不能为单数。对歌的内容大致是新郎家来接新娘，祝贺新人，新娘家夸赞新郎家。新郎家给每位唱歌的和拦门的发一个红包。发完红包后双方再唱几首，新娘家就唱歌欢迎新郎家进门了。新娘家唱"说起开门就开门，开门迎接亲家来，开门迎接亲家到，祝福一对好新人，说起开门就开门，开门迎接亲家人，开门迎接亲家到，祝福一对好新人"，然后新郎家唱歌感谢新娘家开门。接着新娘家给自家唱歌的送上烟和酒（也可以用果汁代替酒），新娘家唱歌的接过酒之后还要唱歌祝贺双方家庭幸福美满，并且带着迎亲队伍走进新娘家。

需要在此提及的是，迎亲队伍中用扁担挑着聘礼的两个师傅拒绝了新娘家人的帮忙，于是新娘家将塑料凳放在拦门处给他们暂时停放歇息。

进了新娘家之后，新郎家过来的师傅抬着两只鸡在神龛前唱开门歌："从新郎家过来接亲，从此两家有了关系。"由于新娘家是租的房子，神龛并不是自己家的，所以将院子旁的小木屋作为临时的堂屋，在这里发亲（新娘出门的所有礼仪在这里进行）。新郎家来接亲的人也因此没有在堂屋烤火休息，而是在门口的院子休息聊天，聘礼也是抬进了旁边的小木屋。男方家把聘礼放好后，新娘家的师傅要把抬过来的两只公鸡杀一只敬祖先，意为告知祖先新郎家过来求亲。另一只公鸡留着，第二天和新娘家搭配的一只未下蛋的母鸡一起由师傅带回新郎家，表示双方结为夫妻。

所有进门的礼仪完成后，新郎在伴郎们的簇拥下来到楼上新娘房间看新娘，然后手着捧花向新娘求婚，求婚成功后把花给新娘，新娘接过花后代表愿意嫁给新郎。新娘并没有着盛装，而是穿一身红色服装。晚上8点左右，大家开始吃晚饭，饭后新娘家的亲戚朋友们自发组织歌舞表演，所有的亲戚朋友聚集在院坝看表演，这一次表演的是一群小姑娘，可以算作是演出的前奏，因为大型的表演在第二天。此时新娘家通常给小姑娘发一个红包和一条红色毛巾表示感谢。

图2.4　女方家的拦门酒

2. 新娘出门

在朋友们欢歌笑语祝福新人时，新娘的伯妈为新娘换上男方家的聘礼"花衣服"。首先给新娘梳头、绾发髻，在发髻绾好之后开始为新娘盛装打扮。从新娘的发髻右边依次串六根银簪（上面刻有花鸟等图案），并用红绳将六根发簪固定好以保持一致，发髻上另戴坠有银凤鸟的银花。头饰穿戴好之后，接着穿盛装，先是上身穿一件红色右襟短衣，外穿无领贯首衣，然后穿百褶裙，打绑腿、系围腰。最后佩戴红色的胸花。新娘伯妈为一对新人煮一碗长寿面，并祝福新人长命百岁。新娘出门前，新娘家的山歌队为新郎、新娘唱歌祝福。

在此，有一点值得注意，新娘的盛装穿戴也是不能由自己的父母帮忙的，只能请新娘的伯妈帮忙，伯妈的人选要求和帮新郎穿衣服的人一样。此外，在新娘穿花衣服之前，新娘家还要向亲友众人在床上展示新郎带过来的两套盛装、一套简装，以及其他聘礼。

男方家送来的聘礼在新娘家展示期间，新娘家的亲友纷纷到此观看，大家会议论和品鉴花衣服和花围腰上的图案花样，更有些人会拿出手机把花样拍照留存。经询问得知，晚上新娘所穿的盛装由新娘母亲亲自做成，其他银饰都是在集市上购买的。新娘的母亲这样说："我们都是亲自给她做的（花衣服），在几年前就开始了，因为女孩子早晚都是要嫁人的，这也是我们父母应该做的。"新娘母亲还提到，本来花衣服可以在集市上购买，一套也只要七八千块钱，机绣的也只要两三千块钱。但是她觉得自家姑娘出嫁要隆重点，要有面子。街上买花衣服总觉得差点意思，机绣还是不好，自己绣的还是要好一点，她现在有时间，一天绣一点儿，还给她的另一个姑娘缝绣花衣服。

3. 接新娘

大约在晚上11点，我们被告知即将在零点三十八分左右接亲回去。对于这个时间节点我们颇有疑问，但依据报道人L哥的解释，明天是3月8日（三八妇女节，特意选某个节日作为结婚日子），选在零点三十八分出门为了图吉利。新娘被接到新郎家后，新郎新娘先在堂屋过火盆，并在神龛前磕头，然后新人给新郎父母敬茶，新郎父母喝过茶后给新人红包。随后新郎背新娘进入新房。进房间后师傅念"安床词"，伯妈们给新人铺床，安床和铺床念的都是祝贺新人恩爱幸福的话。自此接亲仪式全部结束。

出于新娘家租房子的原因，有很多繁琐的手续已经省略。出发前新郎和新娘要给新娘的父母敬茶，地点也是在偏房里，按照当地的风俗，敬茶时新郎要叫"爸、妈喝茶"，算是"改口茶"。这时新郎的伯妈、媒婆，还有扛鸡的师傅必须留在新娘家过夜。在整个接新娘的过程中，新郎的父母和姐妹并没有跟同前往。新娘家则为新郎和新娘准备了床上四件套。随同新娘一同前往新郎家的有新娘的妹妹、堂弟，还有两个新娘家族的婶子。

（三）婚宴

1. 新娘家正酒

第一天晚上把新娘接过来之后，第二天（3月8日）新郎和新娘再次出发，回到新娘家去接新娘的亲戚到新郎家庆祝他们的婚礼。

当天在新郎家简单地吃过午饭后，大约中午两点我们来到新娘家。今天是新娘家的正酒，当宾客们吃完午饭，女方家开始进入歌舞表演时刻。亲友在新娘家吃午饭的时候要进行家祭，家祭也是在昨晚放聘礼的小屋边上举行。祭桌用四张凳子代替，每张凳子上面放着四副碗筷，碗里盛有米饭，每张凳子上还有一点米酒以及当天的饭菜。祭祖全程用苗语，大概的意思是：今天是某某的婚礼，希望祖先亡灵庇佑这对新人平安健康等。

　　新娘家表演歌舞的人都是本村寨的女性，不同年龄阶段各自搭配简装。她们自己组成小团队，并提前编排舞蹈为大家表演。尽管是自发行为，歌舞表演没有固定人员，没有领队，但是穿着打扮都是统一的，一个人也可以参加多个舞蹈团队。从歌舞团队的组建与表演中我们能够体会到村寨凝聚力的强大。通常在一个节目表演结束之后，下一个节目又紧跟着开始，一旁的观众会大声说"再来一个、再来一个"。根据亲友介绍，表演队的衣服都是大家商量好一个款式，集体去购买或制作，类似这样的衣服她们有很多套。但凡村寨里有喜事，这些热爱舞蹈的妇女就会统一着装进行歌舞表演，为大喜日子增添光彩。而新娘的"姐妹团"也同样准备了舞蹈，现代装扮的她们，配上热情的舞姿，瞬间将气氛推向了高潮，现场一片欢声笑语。姐妹团的表演更是博得了伴郎团一致的叫好声。

图2.5　着装统一的舞蹈队

在新娘家吃完晚饭后，新郎家的伯母、媒婆，以及同行人员要一桌一桌地请新娘家的亲戚随新娘去新郎家玩，意为尊重新娘家的亲戚朋友们，希望大家一起去庆祝第二天在新郎家举办的婚礼。随后新娘的父母和其他亲戚朋友，一起跟着我们来到新郎家，并带来了他们为女儿准备的嫁妆，嫁妆主要有棉被、拖鞋、电视机、电冰箱等。新娘的嫁妆有的是自己家置办的，有的则是亲戚朋友送的，比如姨妈和嫂子等可以送棉被、枕头等生活用品。

2. 新郎家的拦门酒

3月7日，迎接新娘回到新郎家时，新郎家没有拦门唱山歌，新人直接就跪拜祖宗和给父母敬茶。而今天（3月8日）新娘的亲朋好友和伴娘以及唱歌的阿姨们一起来到新郎家，这样的情形更像是正式地迎娶新娘。所以，新郎家早早在路口做好了拦门对歌的准备。

当我们快要到男方家时，远远地看到有火把在路口引路。据L哥说以前他们祖先是迁徙过来的，晚上行走时要用火把照明，现在新娘家的亲朋好友在晚上走了很远的路来到新郎家，新郎家的人用火把为新娘家的人照明以表示尊重和欢迎。

此时，新郎家设置的拦门前已经聚集了很多人。待新娘家的亲友全部到齐后，新郎家和新娘家双方开始对唱山歌，互对山歌祝福新人幸福美满。在这里值得一提的是，一般情况下拦门唱山歌的是新郎和新娘双方的女性长辈，但是这次新郎家的男性长辈改变了这个传统，由他们来和新娘家的女性长辈对唱山歌，山歌的所有歌词都是自己编写的，有汉语也有苗语，他们会提前自发组织小团队，大家也在微信群里交流沟通、学唱山歌。新郎家的男性山歌队也为这一次对歌鼓足了劲，做足了功课。

拦门对歌结束后，新郎家欢迎新娘家亲朋好友进门，而新娘家带来的山歌队要一直唱到新郎家门口，此时新郎的长辈会给每一位唱歌的阿姨送上一杯果汁（以果汁代酒）。她们边走边唱，歌词大意为："走了很远的路终于来到亲家家门前，祝贺亲家的大喜事，我们三亲六戚走进来，走了一程又一程，走到主家槽门前。"这时新郎家的亲戚们会回答"进门咯，进门咯"，紧接着阿姨们继续唱"一张桌子圆又圆，瓷杯子摆面前，我们不吃拦门酒，留给主家发银钱"。然后阿姨们把酒倒在地上，倒完后慢慢往前朝着大门方向走，边走还边唱，以恭贺主家喜事以及夸赞主家礼仪。女方山歌队到大门前还站着唱一首恭贺两家喜事的山歌，唱完后进到新郎家神龛前继续唱山歌，歌词有关主人家的堂屋摆设，并且恭贺主家日后富贵发达。

图2.6　着盛装男歌手

对歌时，每一位男女歌手要牢记自己的唱段和歌词。歌手的歌本通常为两段，对一次歌唱一段。歌词文本尽显诚恳和欢愉，既有揶揄自嘲，也有夸耀赞美。一唱一和，其乐融融。双方歌者在对歌过程中，既可以在你来我往中唱完两次，也可以当己方歌者卡顿或者忘词时递补出场，主要是为了对歌时不冷场、不丢面子。现摘录男女双方部分对歌歌词：

女一歌词：

第一段：一条大路亮铮铮，开起车子到你村。今天是个好日子，主家请我来接亲。

第二段：一天大路亮堂堂，开起车子到你乡。今天是个好日子，主家请我接新娘。

女二歌词：

第一段：主家喜事我接客，要说好歌我不得。管它唱好唱不好，请你亲家不要嫌。

第二段：主家喜事我接亲，我们不得好歌声。管它唱好唱不好，希望亲家别多心。

男一歌词：

第一段：亲家们，听说你们来送亲。我从昨晚就等起，终于等到亲家们。

第二段：听说你们来送客，我从昨晚就等起。终于等到亲家来，终于等到亲家来。

男二歌词：

第一段：进我家的小路像根藤，我家房子像撮箕①。女亲家们害羞你们，不要拿我们出去讲。

第二段：进我家的小路泥土黄，我家房子像漏箕②。女亲家们害羞你们，不要拿我们出洋相。

---

① 竹子编的一种农具。
② 同"撮箕"。

3. 洗脚：亲属之间的"戏谑"

唱完山歌后，新郎家的长辈们要为新娘家的亲戚洗脸洗脚，意为他们远道而来非常辛苦，倒水给他们洗漱表示尊敬。"蒙榜"苗人热情好客，也非常豪爽，在给客人洗漱时大家都会开开玩笑、互相嬉闹，以此来拉近双方亲属之间的关系。这并不是单纯的洗脚，在洗脚过程中带有强烈的戏谑成分，通常为女性给男性洗，男性给女性洗，有时会拿脏鞋给洗脚的女方长辈亲属穿。在"蒙榜"苗族看来，这是注重姻亲关系的表现，双方一旦结为亲家，以后就是亲人。在这种洗脚的戏谑下，严肃的双方得到放松，敞开心扉，共同庆祝新婚。

图2.7　洗脚戏谑

此外，新郎去新娘家，是为了接新娘的亲朋好友。从新娘家出发前，新娘的父母会请人帮忙抓一只未下蛋的母鸡，与前一晚接亲送来的一只公鸡（另一只已经在当晚杀了祭祖）一起送回新郎家去。此时还是由接亲当晚的师傅和挑扁担的两人一起带回家。出发前，扛鸡的师傅也要说一些吉利话，如"今天从新娘家出发，从此两家关系定了下来，祝愿新人早生贵子"之类。回到新郎家后，师傅要把配对的公鸡和母鸡，以及两个扁担（两个扁担的框里放着棉被）放在堂屋中间的神龛前。此时，新郎家的另外一个师傅要拿着新娘家送来的小母鸡，在堂屋的大门和男方祖先说话，大意是："亲家已经来了，新娘也来了，抱来一只母鸡配成一对，从此结成新人，祖先庇佑新人，早添家丁。"

（四）新郎家正酒

1. 盛装穿戴与嫁妆展示

3月9日早上九点多，大家一起吃完早餐后，女性亲友就开始梳妆打扮，为中午的歌舞表演做准备。在梳妆打扮上也有很多讲究，对于未生过小孩的女性来说，梳头时要先把头发扎高，再往里面加入毛线增加发量，然后把银簪插上去。银簪一般是插双数（4根或6根），不能为单数。接着再用银簪上原本套着的毛线（每根银簪上有一个小孔，小孔中套着毛线）把头发和簪子绑紧。簪子上毛线的颜色以红色和蓝色居多，但是新娘用的只能是红色。然后戴上红底有花纹的绣花头帕，做头帕的花布以前是自己绣，现在基本上是在街上买。相比于未生过孩子的青年女性，中老年女性的发饰则是把头发往右边归拢绑成一个凸起的发髻，不需要用太多毛线把头发撑起来；佩戴黑褐色绣花头帕——以前是用颜料染色，现在多是用圆珠笔的笔芯涂在花布上，这样不容易脱色，看起来也很好看。女性亲友梳妆打扮除了为表演歌舞外，还有一个目的就是和新郎及其家人一起出去"采景"①。

与此同时，从新娘家带过来的嫁妆也要做一个展示。嫁妆被一一摆放在新郎家的婚床上，这些嫁妆主要包括被子、枕头被套、花衣服以及日常所需的生活用品（牙膏、牙刷、洗衣液、洗洁精等）。经过我们的确认，新娘家为新娘准备的嫁妆有被子12套、钩线拖鞋40双、皮鞋2双。摆置这些嫁妆的是新娘的伯妈们，她们将所有嫁妆全部整理好之后要唱歌祝福新人，也感谢新郎家为她们准备的礼物。

对于大部分一般宾客来说，他们都会在正酒这天来送礼。送的礼大部分是现金，基本上都是送300—500元不等，少数送200元。部分内亲则会送1000—2000元。我们调查得知，以前办婚宴时送的礼通常是五斤酒、两升米，一般送5—10块钱，内亲送50元已经是很高的礼了。而现在办酒，客人基本上都是送钱。平日里婚事的回礼，基本上按照"送多少回多少"的原则，有时也会视关系的亲疏在回礼上增减金额。

图2.8 新娘嫁妆

① 男方家将女方家亲戚接过来之后，新郎要带着新娘及其亲戚去外面游玩、唱歌，并拍照留念，故而称作采景。

2. 采景与歌舞表演

新婚夫妇要带着新娘家亲友和新郎家客人去外面风景好的地方游玩、唱歌，并拍合影留念。当天采景，新郎身穿西装，新娘穿的是盛装（无论是父母做的还是婆家做的都可以，没有过多的要求）。前往采景的基本上都是女性，男性通常会待在家中。

在采景结束之后，新娘家和新郎家的山歌队就开始了歌舞表演。表演队按照年龄划分，主要有青年女性和已婚的中老年女性，她们各自成队表演，衣着打扮也不尽相同。青年女性基本上都是穿经过改良的现代民族简装，头包绣花帕，发髻上佩戴双数的银簪子，上身是绣有花纹的蓝色右襟短袖衣，下身是蓝色短百褶裙。而中老年妇女则是身披革背类型的简装，头戴蜡画的黑褐色头帕，上身穿右襟短衣（颜色比较多样，长袖，没有绣花），身披革背，下身穿直筒长裤，腰系绣有花纹的短围腰。

在表演的次序上，双方表演队会按照不同的年龄组错开进行。如果新郎家出场的是穿蓝色简装的青年女性表演队，那么新娘家就会派出身穿黑褐色服饰的中老年表演队。双方你来我往、互不相让。其间，新郎的母亲、姐姐，新娘以及陪同的女性亲友也会参与到各自的表演队伍之中。

表演主要是为了庆祝新婚，表演形式上既有传统的歌舞，又有当下时髦的街舞，以满足不同的观看人群，可谓传统和现代的有机融合。这场集聚双方家庭、家族乃至村寨的表演，更像是一个"战场"，比拼较量的火药味十足。正是这种"互相较劲"的表演让婚礼的气氛达到了高潮，所有来宾都会围着表演的舞台观看演出，乐在其中，并时不时对双方的表演进行评论。

显然这种表演能够快速增进两个家族之间的情感，为姻亲关系的缔结与维系奠定基础。另外，在跳舞的过程中新娘和新郎会给跳舞的人发红包，也会给参与表演的人员发放红色的毛线作为礼物，借此分享喜悦和幸福。

三、婚礼后续

（一）派发礼物与认亲

在表演结束之后，新郎和新娘以及双方家人齐聚一堂，拍合照。而在合照后，两个新人要给家人派发礼物，新娘也借此认识男方家的直系亲属。礼物主要是女方带来的嫁妆，有毛拖鞋、被子、皮鞋等。首先新人给新郎父母各自送一双皮鞋，其次给干爹干妈、爷爷等至亲送一床被子，最后给媒婆和媒公送一双毛线拖鞋。在送东西时，新郎会挨个介绍亲属给新娘认识，新娘送出礼物，亲属回以100—200元的礼金，借此表示对新娘的认可，承认新娘融入这个家庭，成为其中的一分子。

（二）回礼与送亲

男方回礼的对象是女方的父母和媒婆，主要是回赠肉、糯米和酒。伯妈们负责帮忙和分拣男方家给女方亲友准备的回礼。回礼一般包括两块肉（每块两公斤左右）、一二十公斤糯米，以及用稻草捆绑的大杂烩肉。

送亲通常以拦门酒的形式进行。当整个婚礼流程结束，新娘家亲友要回去时，男方家帮忙的人端出盛有蒸肉和酒的托盘，把要回家的女方亲友拦在大门口，表达对他们的挽留和不舍之情。当地有个不成文的规定，亲友回去之前要先喝一杯酒、吃一块肉，主人家也会不停地劝客人多吃多喝。若客人还能喝，就再继续倒满酒杯，实在喝不了才放亲友回去。在劝酒挽客时，主人家要说道谢的话，感谢远道而来的亲家们能够一起喝酒、参加婚礼。作为回应，亲家也要感谢主人家的好酒好肉招待，表示以后再一起吃饭喝酒。当然，在喝拦门酒中少不了戏谑的成分，主客双方一应一和，互开玩笑。因为主人家要极力劝客人多喝酒、多吃肉，免不了旁人也会跟着起哄。通常送亲时的拦门酒会持续很长时间，主客之间因婚姻缔结建立起的姻亲情感也由此慢慢加深。

至此，整场婚礼在祝福中结束。按照以前的结婚风俗，新娘还要回门，回门后可以选择回娘家也可以选择回夫家居住，但是怀孕之后只能留在夫家居住。生完孩子才表明这段婚姻得到了家族、祖先的认可，新娘真正从娘家人变成了夫家人，要收心好好当家，婚姻关系才最终确定下来。

第二节 婚礼仪式中的服饰类别及变化

一、婚礼仪式中的服饰类型

按照服饰的类型可以将之分为盛装和简装（便装），而依据年龄和性别的不同又可以进一步细分。具体如下。

（一）女性服饰类型

　　女性便装随年龄的不同而有所变化。通常四五十岁的中年妇女的装束是将头发绾成发髻，戴黑色的头帕，上身穿一件素色右襟短衣，身上披染色革背，下身穿黑色直筒裤，腰上系挑花短围腰，脚穿女式皮鞋。三四十岁的已婚妇女同样也是将头发绾成发髻，戴黑头帕，身穿黑褐色、蓝色右襟竖领挑花短衣，下身穿对应色系的挑花百褶短裙。还有一种是已婚妇女和未婚成年女性都通用的服饰穿戴：将头发绾成"品"字形，包绣花帕、插双数银簪，脖子戴银项圈，身穿右襟竖领挑花短衣，下身穿挑花百褶短裙。总体来说，女性便装的颜色主要有黑色、蓝色、红色三种，通常穿什么颜色的上衣就穿对应颜色的短裙。

　　女性的盛装我们在前面已有介绍。对于成年或是未成年，已婚或是未婚的女性来说，盛装的样式和款式无二。前文叙述的婚礼中，伴娘是报道人L哥未成年的女儿，小姑娘同样是盛装出席参与接亲，头包红色绣花帕、插银簪，身穿右襟蓝色无领贯首衣，腰系挑花围腰，下身穿百褶裙，打绑腿。可以说，她的装扮对比成年的盛装只是小了一码而已。但是上了年纪的老年女性穿的多是蜡画花衣服。老年妇女还有一种盛装穿法，就是不再包绣花帕、戴银簪，而是改成包黑色头帕，上身的贯首衣和下身的百褶裙也不再按照色彩搭配。

（二）男性服饰类型

　　"蒙榜"苗族男性的服饰同样有盛装和简装（便装）之分，但盛简之分也是相对而言的，因为男性服饰的样式及颜色的选择搭配总体变化不大。

　　男性盛装主要是头包几米长的青布头帕或黑色纱帕，颈戴银项圈，项圈下挂银锁，身穿右襟青蓝等色长布衫，腰系青色布腰带，背披挑花革背，前系挑花围腰，后系条状围腰。

二十几年以前，当地"蒙榜"苗族男性着便装，只需穿对襟短上衣、宽松长筒裤，头包长帕（也叫套头）即可。布料以麻布为主，以市场上购买的土布为辅。而现在男性的便装装束是头包长帕，腰系腰带，下穿长裤，外穿宽松的右襟青色长衫。

二、婚礼仪式中男女服饰穿戴与规约

经过前文的介绍，"蒙榜"苗族婚姻仪式中服饰的穿戴主体，主要有新郎、新娘、男女双方家亲友等。在婚礼礼仪中，人们对服饰穿戴也有着特定的规约。

（一）婚礼仪式中男性的服饰与规约

从整个婚礼过程来看，男性的服饰变化最小。其中新郎和伴郎着盛装或统一的长布衫。男性山歌队伍着简装，男女双方亲友穿的是现代日常生活服装。

具体而言，新郎和伴郎都是头包黑色纱帕，纱帕用红线缝合。新郎内穿青色长衫做底，再外穿一件红色长衫；脖子上戴铜锁；身披黑底花革背，革背带于胸前交叉系于腰；腰系挑花黑底围腰带，身前腰部系一块黑底花围腰；下身穿一条筒裤；脚穿皮鞋。而在回门接客时，新郎穿着一套西装，除不穿长衫外，其余穿戴与上述相同。接客回门后的第二天早上，新郎带着新娘及其家人出门采景时，新郎主要穿一套西装出行。当我们问及为什么要换成穿西装而不继续穿苗家衣服时，新郎说："这样穿是因为在拍结婚纪念照时已经穿了民族服饰，而西装并没有拍。这次出去采景，在外面拍，穿这个好看。"①

相比于新郎，伴郎的装扮通常是身穿青色长衫，披蓝底花革背，革背带于胸前交叉系于腰，腰系挑花蓝底围腰带，身前腰部系一块蓝底花围腰，下身穿一条筒裤，鞋子并没有什么讲究。陪同新郎、伴郎一起接亲的好友团（接亲团）则统一穿红色长衫即可，主要是在新郎接新娘和第二天回门接待亲友的时候穿。

男性山歌队伍的装束也有讲究。就当地而言，之前从未组建过男性山歌队，基本上都是女性团体。因为是当地第一支男性山歌队，所以在我们参加的林卡村滥坝组的这场婚礼中，男性山歌队统一穿戴民族服饰登场。具体来说，山歌队以简装为主，头包黑色纱帕，身穿青色长衫，腰系黑色或青色腰带。

男性服饰装束选择的场景变化，更多的是和当下人们的认识观念密切相关。从新郎的迎亲服、回门服，再到游玩的采景服，每一次新郎服饰的变化，无不体现着当下青年人的审美认识和喜好。不论是出于遵循传统，还是融合创新，在这场婚礼中，我们看到了传统和现代服饰交相融合的实例。对本民族的认同情感并没有因此削减，传统服饰仍是民族文化的象征，更是民族认同最直观的体现。尽管我们看到在整个婚礼过程中，新郎有时穿西服迎亲待客，但也必须看到，西服和本民族服饰碰撞结合所产生的"中西合璧"。不论如何，"蒙榜"苗族对美好生活的向往之情未曾改变。

---

① 2021年3月9日滥坝田野调查资料，访谈对象为YHP。

图2.9　接亲时（左）和回门时（右）的新郎与伴郎团服饰

图2.10　新郎家的男性山歌队与拦门酒

（二）婚礼礼仪中女性的服饰与规约

在田野调查过程中，我们发现苗族女性服饰之于婚礼礼仪中的变化最为显著，根据身份的不同，新娘和伴娘、山歌队、舞蹈队，以及亲友服饰装扮不同。

首先是新娘的装束，按照苗族婚姻的传统，女性在出嫁前父母和婆家都会为其准备盛装作为嫁妆和聘礼———套或一件贯首衣。在林卡村滥坝组这场婚礼中，新娘的服饰变化主要体现在两个场景。第一个场景是新郎接新娘出门和回门待客时。此时的新娘穿的是蓝底贯首衣套装，出门前在伯妈们的帮助下进行装扮。先将头发绾成发髻，再佩戴绣花帕、三双银发簪和凤鸟头饰，身穿右襟蓝色无领贯首衣，内穿红色右襟竖领短衣，戴银项圈，系挑花围腰，穿挑花百褶裙，打绑腿。第二个场景是在新郎家正酒当天，新娘的服饰换成了黑色盛装，身穿右襟黑色无领贯首衣，搭配现代头饰，戴银项圈，系挑花围腰，穿挑花百褶裙，打绑腿。伴娘的服饰相对简单，主要是穿礼服长裙。

图2.11　外出采景

　　山歌队由当地中年妇女组成，服饰以民族简装为主，但是上衣颜色各异。在头型发饰上，她们将头发向右绾成发髻，额头上包褐色蜡画帕，固定于发髻处。身穿右襟竖领长袖衣，身上披染色革背，革背带交叉系于胸前并固定在腰上。身系挑花短围腰，下穿黑色直筒裤和黑色皮鞋。革背的颜色大体有蓝色、黑色和黑褐色，虽然竖领长衣同样颜色各异，但是基本上为单一的色调，也就是说只有右襟短衣的颜色是多变的。

　　在林卡村滥坝组的婚礼中，舞蹈表演者主要由两个群体构成，一是青年妇女和未婚成年女性，二是中年妇女，她们既是歌者又是舞者。两个表演群体都是身穿简装，头戴绣花帕（有些佩戴银簪、凤冠）或蜡画帕，通常来说蜡画帕是已经结婚且已有子女的女性佩戴。而未婚或者已婚没有子女的年轻女性则是戴绣花帕，上身穿右襟竖领挑花短袖衣，部分佩戴银项圈或者银锁，其中服饰的颜色有蓝色、黑色或红色三种，下身穿挑花百褶短裙，对于穿什么鞋没有太多的要求。

图2.12　青年妇女和未婚成年女性（左）与中年妇女（右）服饰简装

第三节　婚俗服饰体现的社会情感

　　"婚姻是基于情感、责任、道德之上进行男女择配的制度性安排，是一种社会规范在制度上的体现。"[①]而"蒙榜"苗族的婚礼是家族的聚会、集体的互动与连接，让两个家族、群体因婚姻关系走到一起。而这种有目的集会所传达的情感又通过服饰蕴藏于婚礼的各个细节中，父母赠予子女服饰、姐妹之间服饰流动、统一服装的舞蹈表演等，其中体现出来的情感既是直观的，也是隐现的；既是公开的，也是私密的。

一、母女之间的情愫

　　在婚姻习俗中，服饰的流动转赠会产生众多的情感因子。婆家通过流转于儿媳的服饰达到某种平衡目的，娘家之于女儿的服饰赠予则是母女之间的"离别"，以及姊妹（姐弟）之间的服饰赠予……这些都充分地诉说着个体情感并不是一成不变的，而是依据社会主体之间的差异有所不同。

　　在"蒙榜"苗族的婚姻中，父亲对于子女来说，往往扮演着严厉

---

　　① 刘锋、徐英迪：《"射背牌"：婚外情的智慧处置》，《贵州大学学报（社会科学版）》，2011年第6期，第118—125页。

的长者形象，母亲则是温和的、亲近的。在子女的婚姻上，母亲对子女的情感比父亲显得更加多样和复杂。母亲通常会在女儿出嫁当天当众潸然泪下或独自一人悄然抹掉眼角的泪水，这既是悲伤，也是难以割舍的情怀，同时也伴随着祝福。

在婚礼走访期间，我们对新郎新娘双方的服饰来源进行了了解。通过询问得知，新郎的盛装装束如花围腰、背帕、围裙、铜锁，这几样都是其大姐置办的。尤其是前三样饰物，新郎的大姐前后花费两年时间，一针一线挑绣完成，其他饰物则是她在街上购买的。新郎去新娘家接亲时挑的聘礼中，主要有新郎妈妈和姐姐为新娘做的一套花衣服、一件夏天穿的红色右襟竖领短袖、一条红色百褶裙，内衣、鞋袜和几件棉服都是从街上购买所得。总的来说，新郎家一共给新娘做了两套盛装、一套便装，其中盛装是蓝色和黑色各一套，还有一套红色便装。当这些聘礼送到女方家要被集中展示时，作为聘礼重头戏的盛装和便装自然会被女方家的亲友寄以期待。

而女方家准备的嫁妆同样具有这种期待性。尤其是女方父母为女儿准备的花衣服（一套黑色盛装，由新娘母亲亲手缝绣完成），在正酒的当天会和其他女方亲属准备的被子、拖鞋等放在新郎家的婚房里展示。男方家的亲戚在嫁妆展示期间都会来欣赏观看，比较、评论衣服的花色和纹样，也会在心里默默打分，作为日后茶余饭后的谈资。

自己做的花衣服能够赢得众人的称赞，是件极其有面子的事情。每一位"蒙榜"苗族女性都会通过做衣服来体现自身的社会价值，尤其是在重要节庆和子女的终身大事上。母亲手工制衣的展示，展现的不仅仅是织造技术本身，还是与之关联的家庭美德和社会名誉。

母亲对女儿赠礼，在一针一线中诉说母女之间的情愫，也自然而然流露出对女儿的不舍，尤其是对其的养育之情。在我们全程参与的这场婚礼中，新娘的母亲在女儿出门前，一直在发亲厢房里陪伴女儿穿戴服饰，直到新娘穿戴好，新郎敬茶接新娘出门后才离开。母亲在女儿出门时对新郎的千叮万嘱，以及对女儿发亲后的翘首以盼，足以体现浓浓的母女之间的情谊。

二、婆媳情感的建立

为了建立新达成的婆媳和姑嫂关系，在新人的婚礼过程中，男方的母亲会亲手做花衣服表达自己对儿媳的欢迎、对家庭新成员的重视。同样地，新郎的大姐在聘礼的准备过程中，为新娘准备了一套红色便装和右襟竖领短衣。

在"蒙榜"苗族社会里，婚礼中男方家的聘礼也是要被展示的，要拿给寨邻观看。主要出于以下心理：一是通过物的展示（尤其是花衣服）为男方家发声，这种发声表明对于家庭新添成员的欢迎和接纳，也表明男方家庭的女性对新娘的认可；二是通过聘礼的展示，体现男方家的家境，让女方家放心将女儿嫁过来，以后不会让新娘吃苦受累。

从情感的角度分析这种行为，无论是娘家人还是婆家人，都是表达自我与他者之间的情感关系，一方面是男方家借以服饰表达对新成员——儿媳的接纳、认同、欢迎，也是男方家女性为了向女方家展示自我良好形象的主观意象和情感表征；另一方面则是女方家通过服饰的流动表达母亲对于女儿的不舍，同时通过婚姻缔结建构不同家庭、家族、村寨的情感联系。

三、个体情感的"自我"表述

关于"自我"一词的阐释和来源众多，基于文化人类学和心理学视角，在此，我们将"自我"拓展为自我意识或自我概念，在文化的影响下是个体对某一事物存在状态的认知，包括自己对于所处环境和状态，以及围绕其所展开的人际关系及社会角色的认知。赋权则是女性自我情感的一种表征。在"蒙榜"苗族婚礼中，我们可以将新娘的自我情感看作是积极发展自我能力的意识，对身份转变和相对陌生的社会环境做出的分析性理解和认识。这种自我情感包括自我反应、自尊、信心、应对等等，通过提升强烈的自我意识，达成自我情绪的释放，实现某种目标。

在"蒙榜"苗族社会里，这种自我情感主要基于文化角度而言。花衣服对于苗族女性的重要性不言而喻，每一个孩子从小到大都要接触服饰的制作，耳濡目染，尤其是女孩在年幼时就开始向母亲学习挑花和蜡画。可以说，"蒙榜"苗族女性对于服饰有着某种"合二为一"的特殊情感，尤其是在成婚年龄，女性要面临诸多抉择和文化适应的挑战，无论是男方家还是女方家赠送的花衣服都同样表达着这种自我的情感诉求。

对于当地任何一位"蒙榜"苗族女性而言，在婚礼上穿戴一套或者多套色彩鲜艳、花色漂亮的挑花服饰是一件非常"自豪"的事情。从此刻开始就意味着身份转变，周遭的环境同样如此。一方面，这些花衣服早已深入每一位"蒙榜"苗族女性的内心，成为一种文化象征符号、情感表达的窗口。另一方面，作为婚姻关系的主体，"蒙榜"

苗族女性熟悉刺绣、蜡画等手工技艺，对于挑花纹样的制作与选择较为纯熟，因为她们从小见证父母用双手和睿智的头脑创造着社会财富和精神财富。

　　新娘从一个熟悉的社会群体环境，转到另一个陌生的社会群体环境，这一转变过程明显有一段个体的社会适应期。无论是男方家的聘礼——两套挑花花衣服、新郎姐姐的手工简装，还是新娘母亲的陪嫁嫁妆，都以一种情感媒介的形式让新娘更好地适应这种转变过程。同样地，新娘也为此做出自我反应，从新郎带领男女双方女性群体采景开始，新娘就主动与双方女性群体合影互动，男方家的女性舞蹈表演群体对新娘发出邀请，种种行为都表明新娘融入这一陌生群体的意愿。然而，正是女性彼此拥有"共情"和"认同"的心理基础，新娘的自我情感才得以表达。

　　总之，新娘的自我情感主要通过自身赋权而展现。女性想进入一个陌生环境首要的就是得到当地女性群体的认同，这种认同主要通过婚礼仪式、采景和舞蹈来体现。服饰充当了进入不同群体的凭证，既是一张民族身份的名片，又是一种身份认同的界定和情感认知。新娘受到新环境的影响，想要从个体内部、人际关系和社会参与中与所处环境融合，就要主动与集体成员"打成一片"，继而成为其中不可缺少的一分子。

四、男女角色转变的适应与喜悦

　　"结婚便是从孩子或青春期群体中过渡到成人群体，从自己氏族过渡到另一个氏族，从一家到另一家，且通常是从一村到另一村。从这些群体中离开者将使该群体弱化，反过来强化所加入群体。"①对于"蒙榜"苗人而言，婚姻是男女双方社会化的过程，也是他们身份转变的必经阶段。因为"在社会生活中围绕着人的社会地位的一系列权利、义务和行为模式，是人的社会地位的外在动态表现，是社会对处在特定地位上的人的行为期待"②。这就意味着这种身份转变包含个体在群体生活和社会关系体系中所处的位置，以及人们对这种身份转变的期望和认同。而这时礼服是男女双方角色转变的外在表征，新娘所参与的相关活动及接收的礼物则是被男方家族的女性群体接受认可的标志。

在当地苗族的婚姻过程中，男方家要向女方家求亲时，会将花衣服作为最高规格的礼物。男方家的服饰聘礼、姐姐为弟弟和弟媳准备的花衣服，以及母亲亲手为女儿准备的嫁妆皆是如此。此时，作为礼物接收的主体，新郎新娘的情感不言而喻，一方面这些服饰不单具有物的意义，昭示着这对新人进入人生的下一阶段，扮演全新角色。另一方面，男女双方经过相识、相知、相恋，通过山盟海誓和双方家长、亲人见证，最终成为夫妻、结为伴侣，这一过程本身就充满喜悦、幸福，而接受这些礼物并穿戴在身则表明男女双方在亲人的见证与祝福下永结同心。

男女双方脱离了原来的身份，彼此融入新的环境，获得新的身份。在这种喜庆的日子里，服饰不再是社会意义上的礼物，而是在文化意义上标志着新人身份转变的开始，同时饱含着家人等亲属的祝福、认同与见证。服饰也成为新郎和新娘角色和身份适应的开端，以及彼此

---

① 阿诺尔德·范内热普：《过渡礼仪》，张举文译，北京：商务印书馆，2012年，第125页。

② 李芹主编：《社会学概论》，济南：山东大学出版社，1999年，第118页。

分享激动、幸福、自豪、喜悦心情的载体。

五、村寨集体情感的构建

集体情感往往出现于仪式当中，人们在意识活动中进入了一个与日常生活完全不同的世界。一种来自社会的奇异力量将人从凡俗的世界带入神圣的世界，从而在人们的心中激起一种超越个人的集体情感。在婚姻关系的缔结过程中，服饰使每一个个体在社会的建构之下适应集体文化，并使个人情感转化为集体情感。

"蒙榜"苗人对于集体的观念尤为强烈，因而在日常生活的各个方面，我们得以观察到与集体文化息息相关的集体活动。在婚姻缔结过程中，这种集体观念也最为常见。婚姻缔结的男女双方家庭作为集体的一分子，会带来其所属村寨的内部成员组成一个临时的较大的新集体，当地人称作"男方家"和"女方家"。于是，这个群体在特定的婚姻场景中聚集和交流。但在集体内部既统一又分离，统一是集体共同面对婚姻关系中的另一个家庭，双方参与者皆有目地熟知婚配关系，以及了解服饰上最新的纹样和样式；分离则是相对于集体行动而言，各自亲友去新郎家或者新娘家出席婚礼，实则具有第二层意义，掺杂了部分个人情感，即参加婚礼的同时见见老友、串串亲戚。

服饰作为情感传递的载体，在集体形成之初就有着很大的区别。首先体现在男女衣着层面，在没有特殊要求的情况下，婚礼仪式中负责帮忙的男性一般为日常装束，有的则是着简装出席。但在滥坝婚礼中，男性山歌队集体着盛装出席，最主要的原因是男方家想要突破以往婚礼的山歌对唱格局，因此在婚姻礼仪中，男性歌队第一次出现在与女方家拦门对歌的场景中。在他们看来，在这种场合下，男女双方穿着统一整齐的服饰是有必要的。穿上传统服饰参与对歌本身就是传统，既显出对传统文化的继承，又能通过整齐统一的服饰表达对于女方家亲戚朋友的欢迎、重视和尊重。

W哥是当地的婚庆承办者，长期从事摄影工作。依据他的介绍，唱山歌是当地拦门酒的必要程序，男方家和女方家的代表会在村口或者家门口设置的拦门前一起对歌，一般双方穿着的都是不同的简装，只有把歌唱好、唱高兴，另一方满足或认输才能过关。他向我们这样介绍当地婚庆中的对歌：

> 按照传统，婚礼中唱山歌是寨际女性之间的对歌，而像在林卡滥坝男女之间拦门对歌我也是第一次看到。让男性也参与到婚姻中来，能让对方的歌队措手不及。这边唱山歌的都是中年女性，她们都已经结婚，也有了自己的儿女，家庭幸福美满，有了相对多的人生经验，在对唱山歌时能够收放自如、放得开，并且在这种场合，大家都相信这些人能够将自己的福气传给新郎新娘。山歌本身就是人们抒发感情的方式，以前跳场玩场时男女就会在坡上对歌增进感情，姊妹也会唱歌询问彼此的生活。在婚礼中，山歌队基本上都是穿着统一的服装出席婚礼，并且我们这边有一个不成文的规定，参加唱歌或表演的双方寨子成员不能穿同一种颜色的简装，因为这样不容易区分村寨。婚礼中还有一个女性服饰的变化是在舞蹈表演时。舞蹈表演者也主要是由两个不同寨子的女性组成（男方家和女方家），表演时同样穿着不同颜色的衣服，即使一开始穿着撞色的服装表演，一方也会在下一个表演中穿不

同的服饰。[①]

众所周知，每一个支系的苗族都能歌善舞，因而人们往往对一些重要的场合和节日尤为重视，通常都是穿戴传统的服饰表演和对歌。这样不仅比较容易被集体接受和认同，有意识地区分我群与他群，也是区分寨际的表征，可以观察到观众的接受程度。而姻亲缔结是两个不同的村寨集体以婚姻关系为纽带形成一个家族共同体，为了庆祝这种共同体的形成以及为新娘新郎祝福，会在特定的日子载歌载舞。从整个婚礼过程来看，表演和对歌是婚礼欢庆气氛的最高点。男女双方村寨由对歌到舞蹈表演的狂欢，这种由集体庆祝而产生的团结统一的集体情感，正是当地苗人对于婚姻的期望。

六、村寨共同体认同

在婚姻中，个人情感认知与其在特定文化空间内的身份限制下进行的角色扮演息息相关。"人对自己加以归类时所使用的概念看来有赖于他们的职业，有赖于他们在社区或借以生存的社会群体中所力求扮演的角色，同时也有赖于社会在各种角色中给予他们的承认和地位。既然人是具有特定地位的个体，因此正是地位，即社区对个人的承认，授予了个体以某一个人的特征。这种地位并不一定是指法律意义上的地位，而是社会意义上的地位。"[②]因此，"蒙榜"苗族作为一个社会意义上的共同体，在共同体内部的婚姻关系缔结过程中，双方家庭的

① 2021年7月19日凯掌田野调查资料，访谈对象为W哥。
② 乔纳森·H.特纳：《现代西方社会学理论》，范伟达主译，天津：天津人民出版社，1988年，第439页。

亲属对村寨集体认同的方式和情感表达都与其所属的集体息息相关。

正如第一节对于婚礼的简述，在婚礼的程序中有舞蹈表演、对歌、游玩采景，男女双方的表演队及女性亲友都会穿着传统的服饰出现在婚礼上，一起为新婚的家庭庆祝，这不仅仅是双方女性的互相展示，也是对于婚姻缔结的主角的尊重与接受。尤其是在舞蹈表演时，双方家庭都会为参与表演的人员发放红包或者发一坨红色的毛线作为礼物，都是表达对于这些表演人员的感谢，而表演人员也会适时邀请男女双方的女性亲友一起表演，让婚礼更加喜庆、热闹。

从村寨内部结构来说，这些表演人员都是村寨内部的女性，在日常生活中大家自发组建表演群体，当然这些表演群体是按年龄阶段分的，通常中年妇女一组，青年女性和未成年女性一组。按照当地人的解释，参与表演的人数往往能反映这个家庭在村寨被认可的程度。只有受认可程度越高，人们才会越自发地前去帮忙。同样地，男方家对于女方家的欢迎与接待方式也是独一无二的，如男方家为女方家直系亲属的"洗脚"戏谑。男女双方家庭所属村寨你来我往的舞蹈表演、新郎新娘带着直系女性亲属的游玩与采景，以及拦门酒时男女双方的山歌对唱，这些都是新郎和新娘获得彼此村寨的男性群体或者女性群体认可的表现。在热情接待和玩耍的戏谑中，双方家庭彼此能够留下深刻印象，心中也会因此升华出集体认同的归属感。

第三章 葬礼的服饰与仪式

中国自古以来就对亡者看得极重，"丧礼者，以生者饰死者也，大象其生，以送其死也，故如死如生，如亡如存，终始一也"[①]。显然，在古人的观点里死者应该同生者一样对待。因为"古人认为人死后灵魂有知，人们又不惜重金厚葬去换得死后的富足与安宁，生者无愧，死者欣慰"[②]。"蒙榜"苗族社会同样如此，秉持着这种"生者"与"亡者"的哲理思考。每一个个体都在有限的生活中扮演着不同的角色，生前被子女照顾，死后子女为其办丧礼，安排好亡者更多的是在告慰生者，对于"蒙榜"苗族来说，丧礼是和祖先连接的情感纽带。

---

① 王先谦撰：《荀子集解》，济南：山东友谊书社，1994年，第620页。
② 徐吉军、贺云翔：《中国丧葬礼俗》，杭州：浙江人民出版社，1991年，第11页。

第一节　黔中"蒙榜"苗族丧葬仪式

一、祭奠前的丧俗

（一）送终与向寨邻报丧

在年长的老者落气前，一般要将老人移至堂屋（先用稻草铺垫，而后再盖上席子或床单），由长子扶着落气（如果在床上落气，亡者就要背着床板走），其他子女守候于老人跟前，给老人送终。

按照旧时传统，在亡者落气之后，要请族中的长者给亡人沐浴、更衣和整容。沐浴时，用艾草熬水给逝者洗身。若逝者为男性，还要为其剃头，若逝者为女性，还要用皂角熬水为其洗头。但是现在，在"蒙榜"苗族村寨中，亡人的沐浴和更衣主要由其长子和儿媳操办。男女逝者均穿传统服饰，衣裙穿单不穿双，且不戴银饰，要以逆时针方向为逝者打绑腿。

以下是我们在贵安新区马场镇林卡村金家坝组做调查时，和亡者儿媳的访谈记录：

问：孃孃，刚刚去世的老人是你帮忙沐浴和换衣服的么？

答：是的。我们这边老人由哪家养老就由哪家弄。老人痛的时候（临走时候）姑妈就来一起守。所以，老人走了以后都是由我和几个姑妈一起帮忙洗头、洗澡和穿衣服。

问：我们这边老人去世是怎么穿衣服的呢？

答：老人过世无论男女都是穿单不穿双，这是老一辈传下来的。像我家老婆婆过世是要火化的，火化穿的衣服我们给她穿的是单数，7层，有些人家穿9层、11层，穿的衣服是在林卡村上买的。

问：这些衣服主要有哪些？

答：最外面一层穿蜡染花衣服和挑花的花衣服，然后打绑腿、穿布鞋，不能穿金戴银，只戴蜡画帕。这些穿好以后，送亡人去火化。外面的花衣服，我们这边老人过世无论男女要这样穿起走的。①

随后，孝家要请鬼师和一拨坐堂唢呐队，吹奏唢呐向村寨报丧，唢呐一响大家就都知道有人去世，会自发地前去帮忙。按照以前的丧俗，邀请鬼师于堂屋后房顶揭瓦（或石板）称为"开天窗"，开天窗时鬼师头戴斗笠，身穿黄色长衫，手持宝剑，念开窗祭词，大概意思是让亡灵安安心心地走，升天归祖。

（二）断魂、入殓与报丧

断魂是由鬼师杀鸡请逝者随父母、祖宗入家谱、进宗庙，通常男性亡者杀公鸡，女性亡者杀母鸡。断魂时，鬼师在亡人脚旁置一小桌凳，摆两碗酒、一碗饭、一碗汤，点燃香纸烛火，而后抱着鸡用苗语

---

① 2021年11月26日金家坝田野调查资料，访谈对象为亡者大儿媳。

念诵断魂祭词。其大意是让亡者能够知晓自己已经是亡人，可以去跟随自己的父母走了，现在给亡者摆饭，让其吃饱，带着鸡高高兴兴地走。这时鬼师要掷一对卦在地上，如果卦两面朝上，为好卦，亡者能够高高兴兴地离开，不是的话要一直掷到两面朝上为止。随后继续念祭词，这次是要请亡者的父母和祖先，逐一呼唤逝者列祖列宗的苗语老名，请各位列祖列宗和亡者一起来吃断魂酒。并将公鸡宰杀褪毛，取鸡肝煮熟后盛入碗中置于桌上供奉。意思是让祖先来吃鲜肉，品赏鲜汤，最后带着亡人进宗祠。

上面流程做完之后就要给亡者入殓。入殓时要及时通知在外子女来瞻仰亡者遗容。以前的入殓丧俗还要给棺材做防虫措施，然后才在棺内铺上五至七层钱纸。

如今丧葬习俗有所改革，老人去世后要先进行火化，再进行土葬。因此，现在亡人入殓主要有两次，第一次是火化前的入殓，比较繁琐。第二次是火化后的入殓，相对简单。

入殓时用毛毯打底，再将亡人移至棺中，并将毛巾折成长方形摆在亡人腰上，接着用打底的毛毯掩面。毛巾主要是由亡人的女儿和侄女们购买，入殓时孝家会将这些毛巾拿一些出来，供第二次入殓用。入殓后棺木放于堂屋中央，头朝里、脚朝外。老人火化完毕后，还要举行第二次入殓。规矩比第一次要少一点，同样是毛毯垫底，先将花衣服摆好放置于棺木内，再将亡者骨灰放在花衣服里，将之前留着的毛巾放在亡者腰处位置。而这时蜡染的花衣服就不再穿了，主要是穿打底和挑花的花衣服，之后用垫底的毛毯掩面，再用一块黑布或青布盖棺。布一般由孝子①准备，意为遮风挡雨，要等下葬时才能取下。

_____

① 通常指亡者的儿子。

亡者入殓之后，就要在棺材下点长明灯。棺材前置供桌，供奉亡灵。按以前的规矩，孝子在亡者入殓之后就要开始禁油盐、吃素、剃头赤脚（或换穿草鞋），为亡者守孝。主家要请会算日子的先生选择吉日祭奠和安葬。吉日择定后，正式设灵堂，并由亡者家属请人向亲戚报丧。

根据当地人的描述，按照以前的风俗，当报丧人到亡者女儿女婿家时，不能先进家，要在院坝坐下等一等，女婿则要请族中长者在门外杀一只鸡（男性亡者杀公鸡，女性亡者杀母鸡），之后才能请报丧人进家。而现今，主家都会选择打个电话，告知亡者于何时过世，现定于何时正办[①]，请亲戚们届时前来悼念和祭奠。通常来说，在亡者去世之后的第二天，出嫁的女儿就要守夜，会一直守到亡者下葬。其间，孝侄、孝孙也会参与进来。守夜时，女婿一般是不到场的，他会在听到报丧消息后，第一时间请会吹奏唢呐的师傅前去亡者家中"坐夜"[②]，一直到丧礼结束。

（三）升鼓和开斋仪式

升鼓和开斋是在"家祭"之前举办的仪式。升鼓要宰杀一头猪，叫升鼓猪。将猪杀后去毛，取出内脏挂于堂屋一侧，并取猪肝煮熟后，放入碗中，供鬼师做升鼓仪式之用。按照当地以前的习俗，升鼓时用的猪内脏不能用于招待来祭者，如今没有这么多的规矩和讲究，祭祀用的内脏（如猪肝等）会在仪式结束后供众人享用。升鼓时，将大鼓升至堂屋一侧（位置依据亡者性别而定，男左女右）2米高处悬挂好，

---

① 也被称作正酒、祭奠。各个村寨的叫法不一样，相当于这天所有人都可以来祭奠、吊唁。

② 相当于守夜，特指晚上吹唢呐。

主要用作为亡灵开路时响鼓。同时，还要在棺材上方搭一个架子，架子上的三根竹竿朝大门方向处各绑一把雨伞，分别挂上花围腰和头帕，中间一根竹竿还需要悬挂若干银项圈。孝子购买的纸房和女婿家准备的祭帐，分列棺材的左右两侧。

在完成升鼓后，还要用一只鸡做开斋仪式。开斋时，需要做糯米粑送给前来守灵和帮忙的人吃。总之，开斋是为了尽早让孝子进油盐。开斋之后，还需要做"满场"仪式，通常是在亡者去世之后逢满月、满百天、满一年的日子进行。祭师做仪式前，先把一个簸箕置于室外，在簸箕上搭一个架子，上面围上一条黑色的百褶裙，另将盛有酒、饭、汤水的祭碗，以及香纸置于簸箕前，供祭师做仪式之用。按照当地人的说法，亡者的灵魂在簸箕里面，因此在整个丧事期间，必须燃香，且和长明灯一样不能熄灭。

图3.1　升鼓和开斋仪式中的物品

二、祭奠仪式

祭奠仪式主要分为家祭仪式和外祭仪式。家祭主要是相对于外戚而言的，一般在外祭的前一天举行，仪式参与者主要包括亡者家族内部的直系男性群体及其配偶（亡者的兄弟、子侄、孙辈及其配偶），亡者的女儿也会参与家祭。而外祭则是在正酒的当天举行，前来祭奠的是亡者家族有姻亲关系的对象（如亡者娘家、女婿等）以及亡者的好友。

（一）家祭仪式

按照"蒙榜"苗族过去的丧葬习俗，家祭需要宰牛，而今大多数是杀猪。亡者如果是男性，主家要备一头公牛，如果是女性，则备一头母牛。宰牛时，择一宽阔之地，在中央栽一木桩，将牛拴在木桩上，并在木桩旁扎一茅草人，将拴牛的绳子置于茅草人的手中，由鬼师做宰牛仪式。鬼师念祭词，大意是："牛是你的子女买给你的，现在交给你，你要看好它，其他人不能跟你抢。"把牛宰杀后，要取胸脯肉或牛心煮熟放入碗中置于堂前祭奠，其余部位用来招待前来祭奠的亲友和帮忙的寨邻。杀猪同样也是这种程序。

家祭由两个仪式空间组成。一是堂屋内，堂屋中间停放亡者的棺椁，棺椁前放一张供桌，上面摆放着亡人的遗像、香烛升斗和供食（熟食）。二是堂屋外，在堂屋门口处搭建灵堂，先用竹片依据房门的形状搭建出轮廓，再用彩纸糊在竹门轮廓上进行装点。距离灵房一米处另设一供桌，上面放置香烛升斗、二层塔形纸房、供果、糖、饼干、茶水等。最后还要在院坝的角落摆一张供桌，同样得有香烛、酒水、供食，以安抚孤魂野鬼。

祭奠开始前，要依据长幼辈分和男女性别进行祭奠行礼排序。通常亡者的儿子、侄子等排在第一行，儿媳、侄儿媳等排在第二行，第三行为亡者的孙辈，孙媳第四行，依此类推直至排完所有家属。

家祭这天，主家要给每一个家族内部前来祭奠的人发放孝服，通常辈分比亡者低的直系亲属和旁系亲属穿着孝服祭拜，其中亡者的儿媳、侄儿媳和女儿们穿着民族服饰祭奠（除了孙女、孙媳外，其他女性都是着简装），一直到亡者下葬才会脱下。家祭时行跪拜礼，孝男、孝女、孝孙按照血缘亲疏排序分列行拜。第一行为孝男，主要由亡者的儿子、侄子组成；第二行为孝女，主要是孝媳、孝侄媳和亡者的女儿；第三行为孝孙，亡者的孙辈；第四行是孝孙媳。行跪拜礼的场所主要是在堂屋外院坝，其次是堂屋内。屋内屋外各需一名鬼师，通常以屋外鬼师为主，又称其带头鬼师，屋内鬼师的祭祀活动要听从屋外鬼师的指挥。

家祭开始时，屋外鬼师先将堂屋的大门关闭，在灵堂前念祭词，主要是告知亡者今天举行家祭。这时，亡者的儿子和侄子们在屋外鬼师的指挥下先行跪拜礼，再按照长次亲疏的顺序绕灵堂前供桌走一圈，表示家祭正式开始。待他们绕完后回到院坝跪着继续行礼，其他人也要跟着行礼，不得随意起身。接下来，屋外鬼师授意由长子带头在棺材前（堂屋供桌前）跪拜行礼，逆时针方向绕棺材行走，并回到院坝。像这样的行礼需要进行三次，"蒙榜"苗族把这种从院坝跪拜行礼到堂屋内跪拜行礼再绕棺回到院坝，循环三次的仪式过程称为"三献礼"。在第三次行礼时，亡者的儿子和侄子们跪在堂屋，屋内鬼师会念一段悼词，讲述亡者的生平如何辛苦，如何为这个家庭操劳。之后，行礼者须向亡者供食供烟，由长子将烟、食放在棺材上，其余行礼人依次走出堂屋回到院坝。接着是孝媳、孝侄媳，以及亡者女儿们行礼，她们只需行一次，行完之后同样要给亡者供食，由长媳放在棺材上。最后是孝孙媳，也是同样如此。其间，屋外鬼师在每一次儿孙行完礼之后，都会请唢呐师傅吹奏。家祭结束后，孝媳和亡者的女儿掩面哭丧回到厢房，表达对亡人的不舍。

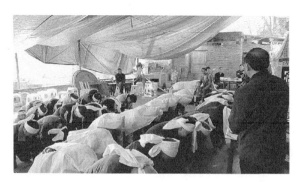

图3.2　家祭仪式

（二）外祭仪式

外祭仪式在安葬的前一天进行。上午十点左右，应邀而来的亲戚朋友陆续来到主家参加外祭仪式。如果亡者是女性，那么亡者的娘家人，即孝子的舅爹舅妈前来祭奠，行至寨口时，孝家亲属要随孝子孝女们出门迎接，通常由亡者的儿子们带领，众孝子孝女跪在寨口迎接表达尊敬。"蒙榜"苗族有这样的说法："天大地大，娘亲最大。舅爹来了，全部跪下。"舅爹扶起孝子后，孝子要带着他们去灵前祭拜。舅爹舅妈来祭奠时要备一把雨伞给亡者遮风雨，在行三献礼时，孝家要安排一个人来接伞，并吟诵感谢舅爹家带来的雨伞，大意是向舅爹表明即使逝者已去，也不会断了两家的联系，孝子们仍然会继续孝敬舅爹。

行完礼后，孝子们主动邀请舅爹及其随行人到堂屋就座，摆酒招待。众孝子孝女要在家族长者的带领下听舅爹教诲。舅爹让孝子孝女们感念逝者的养育之恩，同时叮嘱一定要好好敬养生者，延绵亲戚情谊。众人纷纷向舅爹表孝心，答应会牢记教诲。舅爹听后方令众人起身。

按照以前的习俗，女婿必须要带猪或羊前来祭奠，但是现在基本上由鸡代替。祭奠时，女婿需要准备的祭品主要包括纸扎的灵房、库房，荤、素供品各一桌，糯米饭和鲜豆腐，鸡一只（男性逝者用公鸡，女性逝者用母鸡）。还须准备三丈多长的黑色或蓝色孝布一幅，以便负责接待的师傅将孝布挂于主家大门前。另外准备写有字的白色祭帐一幅，祭文一篇，丧乐唢呐队一拨，谷子两升，歌师一至二名，冲天炮、铁炮、鞭炮、香烛纸钱等前往祭奠。亡者女儿、女婿及一同前往祭奠的人，要先在自己家门口燃放三响铁炮，再吹唢呐，之后才能出门。到主家寨口时开始燃放铁炮、鞭炮，锣鼓唢呐齐鸣直至孝家。此时孝家的孝子们出门迎接，安排人员接取女婿带来的祭品。迎接至家后，女婿要行三献礼，行礼时孝家在外祭师傅的要求下行鞠躬礼，敬茶并发烟和孝帕。女婿行三献礼时，与女婿（姑爹）同辈的孝女们通常会和其开玩笑，以戏谑的形式将他的鞋袜脱掉，一直到女婿光着脚行完礼，礼毕，孝女们要抬水为其洗脚，届时女婿要给这些脱鞋的人发红包，当地人俗称"耍姑爹"。之后鬼师要拿鸡对女婿带来的灵房、库房和纸马逐项开光，如此才能让亡者得到并享用。祭奠完，孝家备酒席招待来祭者。随后，负责祭奠的师傅又再次将所有的孝子和孝女们聚在一起，进行最后的祭奠仪式，主要是为了告知亡人今天的祭奠马上就要结束了。外祭时，女婿带来的糖果、饼干、烟等要放置在堂前的供桌上，便于在吃饭时分发给宾客食用，"蒙榜"苗族将这种分食视为好运的象征，希望大家都能沾到福气。

图3.3 外祭仪式

（三）下银仪式

当天傍晚，鬼师要在堂屋做下银仪式，也就是给逝者银钱，让逝者以后有钱花。银钱由真钱和冥钞组成。下银时，鬼师把真钱放在冥钞上面，手也要扣在棺材上。鬼师依次接过各位至亲的钱，并吟诵告知亡者这是谁送的，要庇佑送的人饭足菜香、儿孙满堂，直至所有至亲下银为止。仪式做完后，冥钞烧给亡者，真钱留给主人家，由主人家分配。

（四）诵亡者仪式

下银仪式结束后，紧接着就要举行诵亡者仪式，目的是送别亡者，并将亡者的生前经历唱诵给旁人听，通常要持续半个多小时之久。诵亡者需要由孝子的舅爹和亡者的孝婿（女婿和孙女婿）请来的歌师担任。如果没有这些亲属，孝家就要自请歌师。所请歌师的人数一般在五人左右。仪式开始前，先将一长条凳放在亡者灵前，并把舅爹和孝婿带来的谷子和猪肉依次放在凳子上。舅爹和孝婿请来的歌师围坐在灵堂两侧，孝家要准备好酒好菜招待他们。歌师吃好之后开始诵唱，诵歌的内容不限，多是唱诵亡者的生活事迹，如何辛苦抚养儿女，以及对亡者的印象评价等。歌师诵歌的次序也没有特殊的规定和要求，总体来说是一个接着一个唱诵。其间负责招待的人要不定时给每一位歌师倒酒。

（五）开路仪式

开路仪式是整个祭奠仪式中耗时最长的。开始前，孝家按照鬼师的要求将祭帐以及供桌上的供品收走，且只留香炉烛台。开路的鬼师头戴斗笠，身系一块白色毛巾（也有身披蓑衣），左手臂上再系一块红布，左手抱一只鸡（男性逝者用公鸡，女性逝者用母鸡）并持一把柴刀，右手拿着一根棍子。整个开路仪式，鬼师要用苗语诵唱《开路经》，并有节奏地持棍（或宝剑）敲击棺材，敲击时鬼师的助手会敲鼓响应。大意是介绍亡者是哪里人，叫什么名字，父母是谁，祖先有哪些、都叫什么名字，发源地在哪儿，然后给亡者报祖先迁徙的路线和经过的地名。礼毕，鬼师要杀一只鸡，以示开路仪式结束。总之，开路仪式主要为亡者指路，告诉亡者该去往何处。杀鸡开完路，鬼师还要借用刚杀的鸡，将所有的鬼怪扫地出门。最后由鬼师总结外祭当天的祭祀活动，宣告今天的仪式全部结束。

图3.4　开路仪式

三、出殡与安葬仪式

（一）出殡送葬

一般来说，出殡要严格遵守阴阳先生测算的时间。出殡前要拿一只公鸡绑在棺材中央，出殡时，众亲友抬棺材由灵堂向门外移出，帮忙的寨邻要拿两张黑色的长凳紧随其后。送葬前，孝子要在棺材前处伏卧，意为背亡者过沟坎。鬼师手持宝剑，挥舞宝剑在前开道，另一鬼师助手沿途洒水、洒饭。孝女们各端碗酒站立于道路两旁，孝男们则在棺前跪请寨邻及亲友帮其将父（母）送上山安葬。孝男们在前面向棺材及抬棺送葬者磕头跪拜，孝女将碗中酒水洒在路旁，并将碗反扣地上，哭送亡者上山。当地部分村寨在出殡送葬时，孝子们会受到人们的戏谑和捉弄，这种捉弄当地称作"孝子打滚"。送葬时，孝子要走在送葬队伍的最前面，给抬棺的寨邻行礼，当行人中有喊"孝子打滚"时，无论地面有多脏，孝子们都必须滚过。为了增加捉弄的气氛，两旁观看送葬的行人会故意往路上铺倒牛粪和淤泥，有时还会特意指定某个孝子单独完成，如果完成得敷衍了事，就很难顺利通过此考验。我们参与的一场葬礼正值冬季，天气寒冷，孝子们都身穿棉服，还有些人为了让"孝子打滚"更好看些，会特意向路面泼水，让孝子们滚过。这期间自然也充满着各种各样的"讨价还价"和"针锋相对"。打滚成了检验孝子们孝顺与否的标准，嬉笑捉弄成为送葬仪式最具仪式感的部分。在这种戏谑捉弄下，众人送亡者上山。

此外，根据其他村寨鬼师的介绍，以前在出殡时，鬼师有棍术、武术、猫叉等表演，现在的鬼师基本都不会了，也没有传承下来。从鬼师的讲述得知，棍术和猫叉表演起来十分复杂，主要是为了再现苗族先民迁徙史，因为先民在迁徙过程中常常会遇到不同种类的凶兽，一不小心就会被袭击，棍术和猫叉表演是为了庇佑亡者、保护亡者。

图3.5 孝子打滚

（二）安葬仪式

安葬时要按照规定先打井[①]。打井前，鬼师要先在确定的位置焚香烧纸，其他帮忙者方能动土。打井完毕后，部分"蒙榜"苗寨会烧芝麻杆和纸钱化灰于井底，有的苗寨会在此基础上撒朱砂、雄黄粉防虫害，并向墓穴喷酒。之后，由鬼师捉一只公鸡举行"跳开"仪式，根据当地人解释，"跳"即走的意思，"开"相当于开光，墓穴要由公鸡走过之后才能安葬亡者。鬼师要根据公鸡的走位，以吉语回应。值得注意的是，鸡走穴停留时，如果在穴里拉屎，鬼师要立刻用钱纸把鸡屎包起来拿给主家。当地人相信，鸡在穴里拉屎是财富，表明这个穴位特别好，能够让亡者庇佑活人。做完这些仪式后，众人便抬棺下葬，同时炮手鸣炮。棺材下穴后，孝男孝女按照长幼性别顺序，从棺材脚纵向爬过棺木，边爬边喊三声亡者，以示最后诀别。之后众孝男、孝女先抓土掩盖棺材，再请帮忙的寨邻盖土垒坟。

（三）喊魂与解脱仪式

当坟垒到平棺处，鬼师要将升鼓时留下的猪头、猪脚及猪尾置于簸箕上，进行解脱仪式。在盆中盛半盆水，按照直系亲属的多少抓相应的米粒放入盆中，并用筷子顺时针搅三圈，如有米与众米分开，表示亡者已放心走了。如果没有，就要重新反复做仪式，直至合乎要求。坟墓垒好后，众孝男孝女站于坟前，背向坟墓，反卷后衣下摆，鬼师依次喊孝男孝女的名字，并抓坟上的细土撒向他们。按照当地苗人的解释，这种细坟土表明孝男孝女已按规矩给亡者风光办理后事，亡者能庇佑后人人丁兴旺、发财致富。之后，众人陆续返程，一路不准回看坟墓。

---

① 挖墓穴。

（四）复山仪式

复山仪式是在亡者安葬后所举行的仪式。安葬后的第一天由儿媳送水、火到亡者坟墓祭奠，并焚烧亡者生前部分衣物。第二天主要是请人给逝者加修坟墓及拜台等。同时，请一拨吹唢呐的人到坟墓处吹奏，孝男孝女也要前来供奉，一直到鬼师礼成方回。如今大多数"蒙榜"苗族村寨省略了这一步骤。

至此，整个丧葬仪式全部结束。

第二节　丧葬仪式中的服饰类别及变化

一、亡者的服饰装束及来源

在"蒙榜"苗族社会中，当老人逐渐年迈，负责赡养的子女会提前给老人准备寿衣、布鞋、棺材。按照当地苗人的观念，赡养老人为其送终是儿子们的事情，父母在年迈时也情愿和儿子们居住，因为女儿出嫁之后就多了一重身份，在传统社会伦理中不再履行为老人养老送终的责任（独女除外），女儿前来祭奠时只能以"外家"身份出现。因此，寨邻们也只能记住某某亡人的姑娘女婿（或说外家）来了。子女为报答父母恩情，在老人生前会主动看望，为老人购买衣食，老人去世后为其送终守灵。

　　问：　像老人过世穿的衣服一般是什么颜色？有哪样讲究没有？

　　答：　打底的衣服颜色没有讲究，只要是布的，不是花花绿绿的就行。白色、青色、蓝色这几种都可以，围腰也是要纯色的。颜色这些没有什么讲究，只要是我们苗族的都可以。

　　问：　我们花苗有黑色和蓝色两种底色的花衣服。老人去世火化时和火化后对于这方面穿着有讲究没有？

　　答：　这个没有，只要是我们家的花衣服都可以。也没有什么先后顺序。①

　　一般来说，如果亡人为女性，其服饰主要由打底服饰和花衣服构成。打底的服饰主要是土布，没有挑花的素色右襟竖领长袖衣，素色围腰，素色百褶裙。花衣服主要包括蜡画帕、无领贯首衣、围腰、百褶裙、绑腿、布鞋。同样地，蜡染的服装也是如此。男性亡人的服饰也是由打底服饰和花衣服构成。其中男性亡人的打底服饰主要是素色长衫，素色直筒裤，颜色以黑色为主，其他村寨也用蓝色服饰做打底。花衣服主要包括挑花的花衣服和蜡染的花衣服，总体上由黑色纱帕、青色长衫、花围腰、革背、围裙带、布鞋构成。

　　无论亡者是男性还是女性，在所穿衣服的件数上，都是穿单不穿双，也不穿金戴银。按照当地人的解释，"一个家庭有两个老人，如果其中一个老人去世了，穿了双数等于是诅咒另一个活着的老人"②。因此，在实际丧葬中，无论是过去的土葬还是现在的火葬，亡者的穿

---

　①　2021年11月26日贵安新区马场镇林卡村金家坝田野调查资料，访谈对象为亡者大儿媳。

　②　2021年11月27日贵安新区马场镇林卡村金家坝田野调查资料。

着基本上都是遵循着穿单不穿双的原则。此外，因为现在推行火葬，亡者在火化前按照下葬的规格穿戴，火化后同样如此。

　　问：给老人穿打底的衣服有什么先后顺序？比如，儿子家由长到幼穿第一层，第二层，或者是大女儿家第一层，第二层，这种说法有没有？

　　答：我们这里没有这种说法，打底的衣服基本都是一样的，先后没有规定哪家是哪家的。只要可以穿就可以了，一般都是拿小一点的穿在最里一层。

　　问：外穿的花衣服主要包括哪些？比如挑花和蜡染，这些是否也要穿着？

　　答：我们家这些也要穿的。听老人说，我们花苗以前的老人去世主要是穿蜡染的衣服，但是蜡染的衣服容易被太阳晒化，时间久了也要氧化，所以后面老一辈的人要求老人去世统一穿挑花的花衣服。把这个挑花的花衣服穿在最外面。

　　问：老人去世，穿的衣服从哪里来？像穿的花（衣服）是老人自己做的呢？还是你们给她做的或者是买的？

　　答：老人去世穿的衣服必须要没有穿过，这些衣服要么是买的，要么是自己做的。像我家老人去世，去的时候穿一套花（衣服）去，回来又穿一套。去火化时要复杂一点，穿了7层就是7套（加上最外层的花衣服）。打底的6层主要是我们做媳妇的买的，姑娘也可以买，只要是布的就可以，不能像我们平时穿的那种。现在街上哪样都有，基本上都不用自己做，要做就是做最外面的花衣服，懒得做也可以在街上买。老人去火化的时候最外面的花衣服有一些是老人生前自己做的，不齐全的我们要帮忙做，或者街上买来补齐全。还有我们家老人（婆婆）去世戴黑帕子（蜡画帕）是要买新的。火化回来，也要穿花衣服走，花衣服老人做不齐全的，我们做媳妇和姑妈的要帮忙做。是自己做还是买的都可以。[①]

在"蒙榜"苗族社会，年迈的女性在生前都会自己缝制花衣服好让自己去世之后穿着走，而子女、媳妇有责任也有义务分担一些衣服的置办，比如在日常生活里为老人提前准备寿衣。

一般来说，亡者的服饰主要有三个来源。一是亡人生前自己缝制。在火葬政策还没有推行时，亡者生前缝制的花衣服能够满足需要。二是由儿媳添置购买，实行火葬后，亡者总共需要两套花衣服，如果其生前并没有制作或做的不够，那么儿媳就要帮忙分担。儿媳可以去街上买土布自己缝制，也可以直接到街上购买服饰成品。三是由女儿缝制或者购买。这主要体现在已经出嫁的女儿们，会在平日里回娘家看望年迈的母亲，继而会以服饰赠送的方式作为母女之间情感维系的手段。

图3.6 孝女们的孝服

① 2021年11月26日贵安新区马场镇林卡村金家坝田野调查资料，访谈对象为亡者大儿媳。

二、丧葬礼仪中的服饰、土布、毛毯及其用途

对于黔中地区的"蒙榜"苗族而言，花衣服伴随着他们一生且具有神圣的地位。而丧服同样如此，尽管只是在丧葬仪式上出现三天，但是丝毫不影响人们对于仪式与服饰的重视。在老人年迈时，为其赡养送终的儿子们就要开始准备丧服，以及整个丧礼仪式上所需的其他服饰，主要有以下几种。

首先是白孝帕①、白鞋、草鞋及白毛巾。其中白孝帕、白鞋、草鞋在家祭和外祭时，由孝家发放给前来祭奠的亲属们。而白毛巾主要是作为礼物赠予前来帮忙的寨邻，以表孝家的感谢。这些物品主要是孝家在街上或者直接在网上购买。

其次是在升鼓开斋仪式中，孝家要准备伞、若干串项圈、三块花围腰、三块绣花帕、黑色百褶裙、红布等物品。

这些花围腰、绣花帕和银项圈的挂法是我们苗家特有的，以前就有的，无论男女亡人都要挂上去。如果自己家有就挂上去，没有的话可以去其他人家借。丧事结束后不会烧掉。这些东西（花围腰、绣花帕）是亡人生前的，或者是姑娘家赠送的，丧事结束之后，由亡者的子女继承。②

---

① 主要有两种，一种长2—3米，宽0.3米左右；另一种长2—3米，宽0.5—1.2米不等。这种孝帕中间有重叠部分，当地人称为"兜帽"或者"尖尖帽"。
② 2021年11月25日贵安新区马场镇林卡村金家坝田野调查资料。

　　黑色百褶裙主要用于满场仪式，裙身无挑花，基本上是在街上购买。而红布在使用时，会被分作数块发给每一个负责仪式的师傅，主要用作身份鉴别。在金家坝的葬礼中，红布被用来发放给一位年轻的女性。事后我们得知这位女性是亡人孙子的女朋友，因为两人尚未结婚办酒席，她将红布从右肩斜挎至左腰处，借此表明身份。

　　最后是在整个丧葬仪式中需要的土布和毛毯。土布都是白色、黑色和蓝色，其中黑色和蓝色主要用作入殓后盖棺，外祭时，孝婿以此作为祭奠的赠礼。而白色的土布，当地人称为祭帐，同样是孝婿的祭品之一，上山时要统一烧毁。毛毯的用途有二，一是垫棺底，并以其掩亡者的脸面；二是孝婿以其为礼物，在外祭时赠予孝家。在丧葬结束之后，孝家得到的赠礼（毛毯和布匹）会被亡人的亲子平分。

三、丧葬仪式中男女服饰穿着与规约

（一）丧葬礼仪中男性的服饰装束

　　尽管男性在丧葬礼仪中的装束变化最小，但也有着严格的亲疏等级区分。亡者的亲子必须要剃光头，穿白鞋和草鞋，系白色孝帕，而其他的人基本上穿戴现代服饰；亡者的亲侄和女婿可身穿现代服饰，头要戴白色孝帕，脚穿白鞋；亡者的孙子戴白色孝帕，但是在孝帕中有一红圆点；亡者的重孙戴白色孝帕，孝帕中间有一个绿圆点；亡者的曾孙也要戴孝帕，孝帕中间是一个黄色圆点。这些衣物佩饰主要在家祭和外祭时，由孝家发放，孝子们要一直到亡者上山下葬之后才可以取下。此外，其他帮忙寨邻的穿着与日常一样。

图3.7　诵亡者仪式上的男性服饰（报道人LFG提供）

在丧葬礼仪中，男性的装束并没有过多的要求。但是在一些村寨，还是出现了男性穿着传统简装出席丧葬仪式的现象。在问及原由时，主要还是与男女性别有关。按照当地苗族的解释，"女的哭，男的唱歌"，这种男女明确分工和划清界限，一定程度上形成了丧葬仪式上男女之间的职责差异。因此，在男性亡人的丧葬仪式上，特别是在做诵亡者仪式时，男人们通常会戴着黑纱帕、穿黑色或者蓝色长衫、系黑色布腰带。这种装束往往只出现在男性亡者的葬礼上，因为性别差异，女性亡者的丧礼上，就没有这么多的规矩。

（二）丧葬礼仪中女性的服饰装束

丧葬礼仪中，女性的服饰装束主要是由孝家购买并发放给孝女们。为了更好地描述，我们从家祭和外祭两个仪式活动展开介绍。

在家祭时，孝家会统一地在仪式开始之前将服饰发给这些孝女。在金家坝的丧葬中，这些孝女主要由亡者的儿媳、女儿、侄媳、孙女、孙媳及其他女性亲属组成。其中亡者的儿媳、女儿、侄媳的穿着是最有讲究的。首先她们要穿好孝服，这类孝服与亡人所穿的打底服装一样，主要是素色且没有挑花的右襟竖领长袖衣、革背、围腰和百褶裙。待孝女穿好孝服之后，孝家要把购买的孝帕、白鞋、草鞋发给她们，其中儿媳作为亡人去世之后这个家庭的女主人，与亡人的儿子同等地位，会被发放草鞋。在苗族社会观念里，儿媳、女儿、侄媳属于平辈，都是下一代，并且在日常生活中与亡者的联系最多，是孝女哭丧的主力军。她们的孝帕也极具特色，与其他的孝女不一样，在得到孝帕后，要将孝帕制作成尖尖帽戴在头上。其他的孝女主要穿戴与男性一样的孝帕，同样会在孝帕中间以红、绿、黄标记好她们的身份。

外祭时，远嫁的侄女前来祭奠，侄女们会戴蜡画帕，到家门口时开始掩面哭丧，孝家的妇女们会前去接待，同时拿着孝帕和白鞋送给这些亲友。而侄女婿的孝帕和鞋子，则是在行三献礼时，由孝家发放。

跟随女婿（侄女婿）前来的女性寨邻们，会穿着便装一起来吃酒。她们在穿着打扮上通常有两种，一种是头戴蜡画帕，身穿色彩较为鲜艳的右襟竖领长袖衣，背披革背，系素色围腰、素色百褶裙；另一种是头戴蜡画帕，身穿色彩较为鲜艳的右襟竖领长袖衣，背披革背，系挑花短围腰、穿黑色直筒裤。

在外祭时，随处可见这些苗族妇女穿着各种传统民族便装。我们内心不禁会有这样的疑问：丧葬作为庄严和肃穆的仪式活动，穿着这些便装出席会不会格外突兀？与她们的访谈打消了我们的这种想法。根据前来祭奠的阿姨们介绍，"以前老人去世人们就是这样穿的，无论是男性亡人还是女性亡人，（参加葬礼的人）都可以穿苗家的服饰。素色便装传承的时间是最久的，而挑花的便装是后面才慢慢兴起的。总的来说，素色的便装基本上不会与葬礼冲突，也能反映出苗家葬礼的肃穆。但平时我们穿的盛装不被允许出现在葬礼上，因为盛装在于

'盛'，代表着喜庆、欢乐"。^①

图3.8　外祭妇女服饰

第三节　丧葬礼俗中的情感呈现

　　在苗族社会里，自古有着"敬老爱老"的美德，但是受到自然生命规律的影响，人终归难以逃脱死亡。于是"虽死犹生""灵魂不灭"的念头在人们的情感世界自然萌生。生者为死者举行丧葬礼仪安魂祈福，同时也在安慰生者，重新连接亲友关系。作为情感表达的媒介，服饰被赋予极其重要的社会文化意义，尤其在苗人对生与死的认知上，以及个体与群体的社会联系上。

---

① 2021年11月26日金家坝田野调查资料。

一、责任、感恩与悼念：子女对亡者的情感表达

"孝"在中国传统文化中有着举足轻重的地位。因而老人去世，生者要给予亡者最大的尊重，举办丧葬仪式活动就是人们的首选。无论逝者是男性还是女性，在其去世时，都会穿着洁净的服饰离开人世，其主要的目的就是让亡者能够走得体体面面。

赡养老人并为其送终是每一位子女应尽的责任和义务。于是在金家坝，唐家的两个儿子承担起为其老母操弄丧事的义务。办丧、购买丧事物品、准备入殓丧服成为两个儿子情感表达的途径。同样如此，亡人的三个女儿虽然远嫁，也是这个家庭的重要组成部分。即使三个女儿在平日里经常走动于婆家和娘家之间，为老人准备衣服尽孝心，但活人与死人之间那一份情感隔阂永远无法消除。于是，三个女儿会在一定程度上帮助兄弟俩共同处理后事。按照当地丧葬习俗要求，亡人在沐浴后，要穿上寿衣再穿上花衣服，并戴头帕、打绑腿、穿布鞋才能入殓。亡人入殓的服饰主要由其儿媳承担，已出嫁的姑娘可以不必准备亡人的入殓丧服、花衣服，但是亡人的女儿会主动地购买、制作这些服饰，以此表达对亡母的感恩和悼念。然而，由于现代丧葬仪式的变迁，子女情感的表达有所取舍。对于子女而言，并没有因为亡者火化前与火化后的入殓存在过多的争论，为穿的火化服饰是谁的去争吵。更多的是以亡人穿的服饰、层数，所穿的花衣服服饰类别表达对于亡人的感恩，因为"老人去世之后更多的是希望看见一家人和睦、相亲相爱"。

在"蒙榜"苗族葬礼中，民族传统服饰作为子女与亡者的沟通媒

介，让亡者能够走得体面。子女为亡者准备传统服饰既是对于亡者应尽的责任与义务，又借此表达了对亡人的感恩之情。

二、重塑与维系："外家"与"主家"的情感再表达

在丧葬仪式活动中，家族情感如何经历重塑与维系？这里我们应先了解何为"外家"和"主家"。

在"蒙榜"苗族社会，两个家庭缔结成为姻亲后，通常女方娘家被称作外家（舅爹家），夫方家庭则被称作主家。在丧葬礼仪中，外家往往都是在外祭的当天前来祭奠。

> 我夫家离这里不远，我可以经常来看她（亡者）。当她生前的时候我们来看，都是大包小包地带东西来。我现在也大了，也没有什么经济来源，像买衣服给老人基本上都是和他们（兄弟姊妹）商量。他们也支持，这种在我们家很常见。所以在我家妈妈痛的时候，我们作为姑娘都要守着，去世了，要来坐夜，一直到送上山下葬。现在，我们家有人去世都是要火化，老人穿衣服就要穿两次。我们作为姑娘也要尽义务，帮助兄弟媳妇一起给老人穿衣服、做衣服。外祭的时候，夫家再来。来的时候要带一块土布、祭帐、天堂家具，布匹主要是蓝色和黑色。祭奠时候还要着开玩笑，脱鞋。①

就整个丧礼来看，主家和外家的情感经历了重塑和维系的过程。

---

① 2021年11月26日金家坝田野调查资料，访谈对象为亡者女儿。

当一位母亲去世，两个家庭以姻亲缔结而成的亲属关系会受到不同程度的打击，影响到两个家庭的亲属关系是否还能够像以前那样延续。当舅爹家来祭奠时，孝子孝女们要以跪伏寨口这种最高的礼节迎接。可以这样来看，舅爹的祭奠方式和行为是双方姻亲关系重塑的试金石，舅爹的伞、孝家的孝帕是得到彼此认可的基础。于是孝子感恩舅爹未因母亲过世忘记两家的亲属关系，舅爹的训话和赠送的礼物也同样向孝家及其寨邻表达联系两家的亲人离去并未导致亲戚关系就此结束。

按照这种分析逻辑，亡者远嫁的女儿同样如此。女儿从夫家到娘家送终、守灵，为亡母购买、缝制丧服显然是得到夫家的支持和鼓励。于是在外祭时，女婿家再次将这种以姻亲关系缔结的亲属关系转化为最高的祭奠礼节。毛毯、布匹、祭帐、纸扎家具等展现出女婿家对于这段姻亲关系的重视。

总之，具有姻亲关系的主家和外家，在丧葬礼仪上体现出来的情感实则是活人与活人之间的情感。双方的情感经历了重塑和维系的过程，表达了对这段姻亲关系的重视和认可。

三、协助、宽慰与换工：平辈之间的情感表达

"蒙榜"苗族中的男性与男性、女性与女性之间如果彼此志趣相同就可以结拜"伙气"和"姨妈"。通常一方在得知对方有老人去世时，会第一时间前去悼慰和帮忙守夜。

L哥是当地有名的唢呐手，这也是他除了跑车之外的另一个谋生手段。在得知伙气家有人去世时，当晚他就叫上另一些伙气去帮忙守灵。在前往伙气家途中，L哥在超市里购买了香烛纸钱，到主人家的第一件事就是与伙气打招呼，之后在亡人灵柩前进行祭奠。他说："伙气只

要认下，就像是亲兄弟一样，是一辈子的事情，有什么事情都会互相帮助。在我们苗家，如果寨子里有男老人去世，在外祭的时候，伙气们会穿着我们的苗家衣服给去世的亡者唱米花歌。伙气们要穿蓝色或者黑色长衫，头包黑纱帕，腰系黑布带，以这种最高的礼节安慰活着的人，同时对已故的伙气表示尊敬和悼念。"①

在金家坝的丧葬礼仪中，尤其是在外祭时可以看到许多妇女穿着民族简装前来祭奠。

穿着民族简装结群而来的阿姨们，主要是亡人的儿媳和女儿们的姨妈。她们来自不同的村寨，结群来到金家坝。一是为了遵循姨妈之间相互关照的传统；二是以这种最高的礼节悼念亡者，宽慰姨妈；三是向亡者的村寨表明身份——她们是姨妈。

远嫁的女儿用自己的方式维系与娘家的情感，她们会尽可能地帮助哥嫂分担一些责任，而帮忙做丧服就是最好的一种途径。而姑爹以最高的礼仪来祭奠岳母，同样使得情感得到进一步升华。同样地，孝家的寨邻们也会无偿帮助亡人的家庭，大家分工协作，一起将亡人体体面面地送走。至于亡人的侄儿、侄媳们则会安慰亡人的儿女，穿起孝服与他们承担起孝子和孝女的责任和义务。这种责任和义务主要通过家族祭奠、哭孝、接待来祭者来展现。这种平辈之间互助式行为在狭义上并不是无偿的，涉及乡土人情和换工协作，如果今后其中一方办酒席或者老人去世办丧礼，另一方也会去承担起这种责任和义务。

因此，在丧葬礼仪中，平辈之间的情感主要是以协助、换工与宽慰的方式去表达。服饰作为其中的一种显性媒介，不仅是平辈之间在丧葬礼仪中承担情感交流的重要呈现，也是对传统的继承，向亡者表

---

① 2021年2月27日摆古村大寨田野调查资料，访谈对象为L哥。

示悼念，对活着的人表达同情。这种情感包括平辈亲人之情、姊妹（姨妈）之情、兄弟（伙气）之情。

四、界限、分层与对话: 活人对亡人的悼念和祝福

活着的人如何将不同辈分的孝子贤孙们的哀痛、悼念和祝福传达给亡人？"蒙榜"苗族有着自己一套独特的行为方式和传达方法。

在具体的丧葬礼仪中，男性主要穿着孝服以及民族简装表达情感。在众多孝子中，装束成为他们界限划分的标准，亡人亲子需剃光头、戴孝帕、穿白鞋和草鞋，其他孝子只需穿白鞋、戴孝帕即可。在此，剃光头和穿草鞋成为区分直系亲属和旁系亲属的标识。与此相同，亡人女婿和孙女婿（直系亲属）与侄女婿之间也存在差异，会被区别对待。直系女婿会被开玩笑，孝女们会在其行礼时脱掉其鞋袜，直至行礼结束，女婿给她们发红包，孝女们为其洗脚才算结束。当然这些直系女婿也有自己的反抗方式，比如提前给红包就可以逃过一劫。而侄女婿就不会受到这种戏谑，只要按部就班接受孝家丧服行完礼即可。诵亡者仪式上的男性也有着身份穿着上的界限，如果亡者是男性，那么寨邻、伙气及随着女婿而来的男性基本上会穿着简装前来唱米花歌，祝福亡者。如果是女性亡者，男性们则不必穿着民族服饰前来。

这种情感的表现女性可能要更加丰富。在丧葬礼仪里，无论亡者是男性还是女性，儿媳和女儿都有责任准备亡者的丧服。其他侄媳不必如此，但是在入殓仪式上都会购买一块毛巾放入棺材。而在孝服穿着上也有着明显的区分，亡人的儿媳必须穿草鞋，其他孝女（女儿和侄媳）穿着民族素色简装，戴白色孝帕，穿白鞋，她们是哭孝的主力军。同样如此，在家祭和外祭时会依据与亡人的亲属关系发放孝服，

孙辈、重孙辈、曾孙辈的孝帕会在中间以红、绿、黄标记和区别他们的身份。在祭奠时，与亡人和祖先对话也是按照这种区分，儿子辈男性在第一行，儿子辈女性在第二行，孙子辈男性在第三行，孙子辈女性在第四行，以此类推。鬼师与亡者和祖先对话时，这些孝子和孝女们会依据鬼师的指令，从儿子辈到孙子辈依次行礼和跪拜，行完礼之后，孝女们要哭孝，表达对亡者的不舍。

显然，在这种活人对死人的情感表达上，"蒙榜"苗族以服饰作为界限，区分不同亲属关系和男女之别。又在此基础上，对人群进行分层，并在鬼师的指导下与祖先和亡者进行跨越生死边界的对话。苗族人以这种庄严而神圣的祭奠方式"表达对亡者的哀痛和悼念之情，同时也希冀亡者能够得到祖先的认同，顺利到达祖先之地"①。

五、身份、赋权与认同：会哭的孝女和有孝的孝子

在丧葬礼仪中，服饰的差异能够直观地区分孝子孝女以及与他人之间身份的不同。孝子与孝女们正是通过这种服饰的差异来表达自己的情感，为自身赋权，进而获取群体性关注和认可。

很明显，在家祭和外祭时女性的服饰实现了她们与其他女性的区别，因为在这个时候每一位祭奠的孝女都要掩面哭泣，当地人将这种哭泣叫作哭丧。前来祭奠的姑妈们会戴着蜡画帕，从寨门口哭到灵柩前，孝家也要及时将孝服（孝帕和白鞋）发给她们。在灵柩前哭孝时每位女性的身份得到最大程度的彰显，能让旁人直接认清其与亡者是什么亲属关系。尤其是亡者的儿媳和女儿在这个场合中哭丧时，一定要声泪俱

---

① 2021年11月26日金家坝田野调查资料，访谈对象为T鬼师。

下，这样才不被旁人说笑。"我的妈呀，你辛辛苦苦地把我们养长大，还没有享福现在就走了……"同寨的阿姨们会在她们哭丧时上前安慰。此外，阿姨们在平日里也会三五成群地聚在一起议论："谁谁谁好会哭，那个姑妈哭得好伤心。这几姊妹，老人生前对她最好，你看哭得好伤心，带来的东西是这几姊妹中最多的。"显然，通过这种讨论，孝女们会被妇女群体拿出来比较，这种讨论和比较包括谁会哭、谁不会哭，哪一个姑爹家带来的礼物多、哪一个带来的礼物少。

　　11月27日，金家坝唐家老人出殡送葬的日子。一大早寨邻男性开始聚集，在吃完饭之后，帮忙抬棺送葬，一些爱开玩笑的寨邻会在事先预定好的行进路上铺满污秽物，这些污秽物主要是牲畜的粪便、淤泥等等。当抬棺人经过时，他们会故意停着不走，并说"孝子谢礼，孝子打滚"。当说"孝子谢礼"时，孝子们停下来跪在抬棺人的面前表示对抬棺人的答谢。而说"孝子打滚"时，至亲的孝子们要在地上打滚，然后趴着等抬棺人从身上走过去。值得注意的是无论多脏，孝子们都要滚上去。对于这种污秽式的打滚，孝子们是能够接受的，并且心里也乐意承受这种寨邻的玩笑。当然，孝子们也有属于自己的反击方式。他们会说"孝子搭桥"，然后大家一起趴在地上，双手紧贴大腿，等着抬棺的人从他们身上跨过去，以此规避旁人的捉弄。但是寨邻们并不容易放过这些孝子，就像当地的一个男性和随行者谈话："现在让他们滚脏点，以后也要轮到我的，我不用你们喊孝子打滚，我主动地去。"显然，在出殡和送葬时，当地苗族人对于这种污秽物用于孝子打滚是喜闻乐见的，污秽物将服饰弄脏具有特殊的意义。在问及为什么要以这种方式捉弄孝子们时，当地人解释："这种孝子打滚，把牛粪沾满全身，是一种财气和福气。只有直系亲属才可以，不然你看谁愿意无缘无故地在地上打滚。"对于不情愿或者耍滑头的人，人们会加以评价，说这人没有福气，跟随上山的妇女们也会说某某在这里偷奸耍滑。①

玛丽·道格拉斯在《洁净与危险》中写道："正如我们已知的，污垢从本质上来讲是混乱的无序状态。世界上并不存在绝对的污垢：它只存在于关注者的眼中。"②每一个民族或文化又都有一个文化共性，面对洁净之物，人们会积极接触，并相信该事物会带来福祉。而对于不洁之物，则认为其是危险的，会给自己甚至群体带来灾难。从文化意义上来说，社会上并不存在绝对的干净与不干净之物。洁与不洁在不同的文化系统中有不同的认定，更存在着不同文化系统中的意义转换。孝子送葬时在地上打滚将衣服弄脏既不是肮脏的，也不是危险的，因为只有亡者的亲子和女婿们才有"资格"将衣服弄脏，享受这种污秽之物转化的财富和福气的权利。在这种戏谑的氛围里，受到环境的影响，人们的情感会因此出现"狂热""高涨"的状态，无形之中获得了集体的认同和赞誉。

在这种以服饰作为情感媒介的仪式活动里，孝男和孝女的自我情感得到充分的表达。人们被服饰赋予身份，在这种赋权下女性拥有哭丧的资格和权利，男性拥有了尽孝和被赐福的权利。于是，在丧葬礼仪里人们尽可能地去做好一切事宜，通过服饰装束，女性成为会哭的孝女，男性成为了有孝的孝子。

---

① 2021年11月27日金家坝田野调查资料。
② 玛丽·道格拉斯：《洁净与危险》，黄剑波、卢忱、柳博赟译，北京：民族出版社，2008年，第2页。

六、传承与缅怀：亡人对活人的影响

在"蒙榜"苗族丧葬仪式活动中，女性继承被赋予了另一层含义，特别是对亡者遗物的智慧处理和承继问题上。

如果老人去世前有遗嘱，为自己准备有花衣服，那么子女要遵从遗愿，老人可以选择是否穿自己的服饰去安葬。老人死后其他的事宜只需要儿子儿媳处理。生前的衣服会在复山仪式时焚烧给老人，而老人穿过的花衣服不会烧，要留给子女。

> 老人的花衣服，我们一般都会几个人分，一家要一点，留个念想。姑妈如果不要我们就自己留着。亲戚家送来的布拿给几弟兄平分。主要是看老人有几个儿子就拿给几个儿子平分。亲属拿来的祭帐、花圈、天堂家具在上山那天要拿来烧了。[①]

总的来说，亡者的遗物基本上都要烧掉，让其将这些带着走。从情感的角度来讲，不让活着的人一直活在悲痛里，将亡人的生活痕迹从活人的生活里抹去是最直接的办法。当活着的人摆脱不了对亡人的思念和缅怀时，亡人的遗物成为睹物思人最好的情感寄托。这里需要重点提及的是，不论亡者是男性还是女性，安葬时都需要穿上本民族的花衣服。因为在他们看来，花衣服是和祖先会面相认的凭证，只有穿着花衣服才能去往祖先的地方。这样说来，服饰变成了族群情感认同最重要的载体之一。

[①] 2021年11月27日金家坝田野调查资料，访谈对象为LFG和亡者的儿媳。

第四章　日常生活的服饰与仪式

格尔兹在《文化的解释》中说"日常生活"也是一场引人注目的"仪式化"过程。①尽管人们的日常行为与交往并没有受到仪式规范的影响，也可以将其看作是仪式化的表现。按照这种思路，"蒙榜"苗人在人际交往时如何通过服饰实现在日常生活中的情感互动？其又是如何在转换角色与表达情感的同时，保持着文化影响下的惯性与强度？日常情感的表现与仪式中的情感相比，失去了在仪式既定文化环境中的秩序与压力，人与人之间的情感表达更加鲜活和生动。

在日常生活中人们总是通过有意或者无意的行为，流露出自我对待他者的情感态度。因此，本章内容以服饰的生产制作等为纽带，以一些生活场景为突破口，探讨"蒙榜"苗族日常交往行为，尝试分析当地苗人日常交往中呈现的情感状态。

---

① 克利福德·格尔兹:《文化的解释》，纳日碧力戈等译，上海：上海人民出版社，1999年，第450页。

第一节　日常生活中"蒙榜"苗人的情感

人们在这个看似杂乱无章的世界里，通过彼此了解而保持密切联系，所有的行动都依据一定的逻辑进行。[①]在"蒙榜"苗族的社会里，这种围绕着服饰而展开的社会交往、情感交流、利益博弈等，更能体现出当地苗人日常生活里的情感网络世界。以下是我们所跟踪观察的一户民族服饰作坊日常仪式化生活中所发生的"情感故事"及其表达方式。

一、民族服饰作坊经营的"人情世故"

"人们奋斗所争取的一切，都同他们的利益有关。"[②]作为民族服装店铺的经营者，即使身在乡土社会也难以摆脱商品经济发展的规律。因为事物一旦成为商品，就有了价值与使用价值，而经营者为追求其经济利益，就要尽可能地去节约成本。在节约成本的博弈中，一方为了利润，另一方则是尽可能地要减少支出。算计、妥协、让步充斥其中。

---

① 何雪松：《迈向日常生活世界的现象学社会学——舒茨引论》，《华东师范大学学报（社会科学版）》，2000年第1期，第65页。

② 马克思、恩格斯：《马克思恩格斯全集（第1卷）》，北京：人民出版社，1956年，第82页。

时年六七十岁的陈老太爷是我们在新寨村做调查时的房东，也是我们的田野报道人之一。他家经营的民族服饰作坊在新寨村乃至整个马场镇都小有名气，是因为他家从事这个行业的时间最久，掌握的"花"①最多。这主要得益于老太爷会依据市场流行的花及时做出调整。

一天中午，一通电话打破了当日的宁静，陈老太爷一脸愁容。原来是从外地过来给他们送货的老板找不到进村的路，找不到他家。问了几个人但听不懂当地的方言，只能打电话问老太爷能不能去接他们。于是在老太爷的应允下，我们与他一起去另一个路口接送货老板。接到他们之后，在聊天中，我们得知这位供应商是广东的，在广东设有工厂，主要从事民族服饰的制作，他们主要面对黔东南的客户，这次来贵阳是给这边的一些大客户送货，也是在机缘巧合下认识了陈老太爷。

　　在老太爷的指引下，老板将车停在院坝里，将这次带来的货一一展示，询问老太爷需要哪一些。这些机绣的服饰主要是在布的下方垫一层纸，绣花时把纸和布一起绣。通过老板的解释，机绣速度较快，而这些土布的缝隙较大，若不拿纸垫着一起绣，容易滑针，绣好之后花容易掉、线不牢固。最终老太爷和家人商量后，决定要婴儿背扇、贯首衣和其他部位的绣花。在商定价格时，供应老板给出的价格较为昂贵，老太爷和他们讨价还价，双方僵持着。最终双方各退一步，以1500多的价格结束这次交易。在供应商走了之后，整理货物时，奶奶嘟囔着嫌弃价格太贵，卖花衣服的越来越多，本来就赚不到多少钱。②

---

① 专指花衣服及花样。
② 2021年1月12日贵安新区新寨村田野调查资料整理。

尽管陈老太爷的儿子在村委担任一定的职务，但是太爷老两口以及儿媳都在从事这个民族服饰制作行业。民族服饰的制作与贩卖明显已经成为这个家庭的主要经济来源。手工服饰售卖得太昂贵，在集市上很久都卖不出去，根本就没有几个人买。因此，在最近几年，老太爷家开始将机绣和手工结合，从供应商的手里进原材料，通过自己加工制作，再拿到集市上售卖。与手工一针一线绣出来的花衣服相比，这种机绣的花衣服节约劳动成本，价格比较低。然而为了谋求利益、节约成本，这种在经营者和供应商之间的计算与博弈也屡见不鲜。但是这种冲突和博弈都会以某一方的妥协和让步结束。将这种经营上的博弈放置在民族服饰这个产品上时，冲突协商的背后可能更多的是市场理性与民族文化情感的交织与叠加。

二、传承、分工与合作：家庭作坊经营策略

在集市上，陈家摊铺前的顾客永远是最多的，卖的花衣服也时常受到人们的赞许。这种名气为陈家的服饰制作与售卖提供了特定的销售策略和方式。

> 我们做衣服是最早的，我年轻的时候开过货车，卖过煤炭，卖过酒，后面还是觉得做衣服卖比较赚钱。以前传统衣服都是用麻线制作的，先是用麻制作成布，再在麻布上挑花，这个当时比较流行。现在社会好了，大家都有钱，穿的都是布的。
>
> 最开始做衣服是老伴儿做的，跟着我辗转林卡、党武、羊艾等地每天赶场做买卖，也会掺杂着部分花衣服卖。我嫌弃她卖得少，数量不多。然后花衣服的利润价值高，需求量大，我们合计

了一下开始专做苗族服饰。去商贸城和花溪进布匹，自己在家制作成品。以前制作一件花衣服时间比较长，现在我家小的那个买了机器，她们绣好花我就缝边。需求量很大，卖得好一天要卖几千块，有时候也上万。①

随着民族服饰市场的需求量不断增加，陈家民族服饰作坊家庭内部的分工和协作成为了产品产量的保障。小儿子结婚之后，老太爷就和儿子儿媳住在了一起，儿媳成为这个家庭服饰作坊进一步发展不可或缺的部分。在这种产品销量的驱使下，以家庭为中心的分工、协作和传承开始显现，经营范围逐渐扩大并初具成型。

像今天看到的那个织布机做的就是革背。以前是用麻线制作，现在条件好了，人们会去买与麻线质地差不多一样的尼龙线来做。织布机是用木料制成的，机床主体长2米左右，高1.5米左右，宽80厘米左右。老的织布机人要站着，面对织布机，面前放着一块木板，织的布拿起来固定在腰部，方便与线穿梭。织布时，左右的线左边一根线，右边一根线，同时用挡扣板将它们击打固定，让线编的布变得紧一些。当然线左右来回穿梭，是手持梭子的作用。进而使得前后左右的筘线不停地交叉，这样经线与纬线相互交叉，然后在它们的接口处击打固定，土布就织出来了。②

由于老的织布机年代久远也有点破损，老太爷的儿子又重新买了

---

① 2021年1月8日贵安新区新寨村田野调查资料，访谈对象为陈老太爷。
② 2021年1月10日贵安新区新寨村田野调查资料。

一台新的织布机。相比于老式织布机的"站式"，新织布机变成了"坐式"。织布时人坐在织布机档头，面对另一头牵过来的线，手执梭子（装有纬线），右脚踩一下，经线上下分开一条缝，右手将梭子（纬线）从右边穿到左边，左手接过梭子并将线拉出拉紧，然后用木椎击打固定，这样纬线就被经线锁住，刚空出的右手顺势拿住档扣板，连续前后扣2—3下，将穿过经线的纬线拉紧后再松手，就这样左右穿梭，上下踏板，前后线不停地交叉。

老的织布机现在是老太爷的老伴儿在使用。在家庭内部分工上，主要是由她制作革背以及蜡染。

蜡染根据花纹式样和技艺高低可分为三种。一种花纹多，为世代相传，变化不大。有的花纹是属于纪念性的，传授多代，不易舍弃或更改。在陈老太爷家老的蜡绘花纹式样中，常见的有"+"字纹、太阳光芒纹、粗条大圆圈纹等，风格古朴、粗犷。底布多是浅蓝底和黑褐色粗布。第二种是蜡绘花纹，细致均匀，密布全幅，花纹主要是生活中的所思所想。第三种画工精湛，花纹细致，或全用传统花纹，或创新花纹与传统花纹并用。在传统花纹的基础上做了较多的改动和创新，整体协调工整，主要描绘花、鸟、虫、鱼等。这样的蜡画一天最多只能绘成一块。由于年代久远，对于上面的图案含义，老人家也是解释不清，只说是跟着父母学的或者参看周边别人染的觉得好看就记下来自己研究。在实际应用中，新寨村多数绘的是太阳、铜钱、花等纹样图案。作画前，用铅笔在布上面画好自己想要的图案，再蜡绘。先是将蜡融化，用一小块竹片，沾着蜡绘画。绘画好的布匹不能暴晒，不能淋雨，只能放在通风阴凉干燥的地方保留。

陈老太爷的老伴儿年事已高，因而挑花的任务主要由儿媳完成，但是老人的女儿也会在平日里来到家里帮助挑花。闲暇里，奶奶也会对女儿、儿媳以及孙女指点一二，教习挑花技巧。如果订单多，老太爷会请同寨的妇女们帮忙一起绣，届时给予一定的报酬。老太爷的主要职责就是将这些挑好花绘好蜡的服饰集中起来，用机器缝补制作成服饰。而老人小儿子主要办理民族服饰作坊的合法证件、经营手续，并在重要节日和赶场时驾车摆摊，有时帮忙守摊。

这种以家庭为中心的传承、教习、分工与合作成为陈家服饰作坊主要的经营方法。在这种家庭的经营管理中，往往涉及婆媳和儿媳之间的相处方式和情感表达。涉及有争议的花或者不同意见时，两个老人会选择尊重年轻人的想法，但这丝毫不会影响第二天双方的分工和交流。

图4.1　旧织布机（左）和新织布机（右）

图4.2 蜡画成品

三、"人情"买卖

　　乡土社会是一个熟人社会，充斥着各种复杂的社会关系。服饰作坊如何在熟人社会里生存和发展？显然需要顾及"人情"。于是以衣服为纽带产生雇佣与买卖，差价策略在人情社会里有了很好的体现。

　　我们通过跟随老太爷去摆摊和赶集，尤其是参与有关服饰售卖，发现这种售卖将熟人社会的人情买卖演绎得淋漓尽致。老太爷家的回头客比较多，加上整个服饰种类比较齐全，每一次的摆摊都能够吸引许多顾客驻足，他们也愿意在老太爷的摊位购买。在衣服质量和种类得到双重保障的情况下，老太爷自然赢得了更多的社会赞誉，很多生意都是靠这种一传十、十传百的名声累积起来。由顾客介绍的私人订做成为了老太爷家服饰销售的渠道之一。但是这种熟人的介绍会使老太爷在价格上给予一定的优惠。

> 今天我们与老人儿子陈哥摆完摊，回到家已经很晚了。进入屋里遇到了一对夫妇前来取半年前订做的花衣服。因为是纯手工制作的，所以这对夫妇于好几个月之前就开始向太爷订做。在与两人的交谈中，这对夫妻主要从事蔬菜种植，女方不会挑花绣布，只能购买。他们之前在很多经营店铺看过，都没有中意的花色。偶然去天河潭玩的时候看到老太爷家的花，觉得很好。几方了解，最后在朋友的推荐下，最终向老太爷家下了订金。双方约好在今天取货。由于我们回来得比较晚，在家的奶奶已经将订做的服饰装好。这次交易差不多八九千元，最后的零头，老人直接没有收，说"新的一年，有个好彩头"①。

平日里，老太爷家在忙不过来时就会在村子里召集人手，这类人基本上是不外出务工的中老年妇女，因为她们都是技术傍身的人，拥有扎实的挑花功底。对于这类人的选择，技术尽管是第一考量，但是人情和关系才是最后决定是否选择的关键，也自然形成了集技术与人情认定于一体的情感利益共同体。陈老太爷说，这些年前来帮忙的人还是那几个，除非有重要事情迫不得已才会换人。

无论是在集市上还是在寨里，熟人买卖时都能够享受到一定的差价。是以成本价还是销售价出售，同一件商品可能对于熟人与陌生人有不同的价格。不可否认的是，熟人社会生意的经营除了对经济利益

---

① 2021年2月24日贵安新区新寨村田野日记。

的考量，更多地受邻里乡情的文化情感制约。

第二节　熟人社会的乡土情感

"在人际交往过程中，人们总是通过行为来表现自己以给人印象。但是这种表现总可以分为两个部分：一部分是行为个体相对比较容易控制的表达，包括各种语言符号或它们的代替物，这是明显的表达，是给予的；另一部分则是行为个体似乎不甚留意或没有加以控制的流露，它包含在广泛的行动之中，是隐含的意义。"①在"蒙榜"苗族社会，服饰承载的日常交往中的情感，不会像在仪式活动中那样，带有明确的交往目的和一定的产生条件。无论这种交往是否是随机、偶然发生的，都有着一定的情感强度，可能是有组织的、自发的情感状态，体现着浓浓的乡土情谊。

一、村寨利益共同体的组建

"人情作为一种社会结合的方式，包含着深刻的社会和文化内涵。"②在"蒙榜"苗族村寨，无论哪家有事，大家都会主动前往帮助，担起责任、履行义务，进而自发形成一个村寨利益共同体。

---

① 欧文·戈夫曼：《日常生活中的自我呈现》，黄爱华、冯钢译，杭州：浙江人民出版社，1989年，第8页。

② 陈沛照：《人类学视域中的唐村人情往来》，《广西民族研究》，2012年第3期，第85—91页。

结婚、生子、乔迁等都属于红事。每一次帮忙都是为日后人情的回报与换工做准备。于是，我们能够在滥坝婚礼上看到女性自发组织歌舞表演共同为新人祝贺，其他寨邻会在这几天丢下手中的活计，专门帮助主人家办下这场喜事。而作为回报，主家也会赠予布匹毛巾等表示感谢。人们会将这种互助式的换工进行到底，如果哪家有喜事也会积极向前、各司其职，年轻的女性排歌练舞，其他人帮忙操弄。

如果遇到白事，寨邻们会自发帮扶，包括坐夜、诵亡者、抬棺等。如果孝家没有升鼓时的花围腰、绣花帕、银项圈，寨邻们会无偿主动出借，直至丧事结束。总之这种无偿的行为互助会被大家深深记在心里，获得主家好感的同时，也会获得集体认同。通过自发履行同村义务，自然而然地形成统一的共同体。

二、邻里乡情的建构与维系

俗话说"远亲不如近邻"。这种思想就是要坚持与邻为善、以邻为伴，坚持睦邻、安邻、富邻，秉持亲诚惠容的情感理念。"蒙榜"苗族对于邻里关系的处理和态度同样如此。如果作为邻居不管不顾，"事不关己高高挂起"，那么这种人在这个讲究"集体主义"的"蒙榜"苗族社会里明显会受到排挤，这种排挤往往是牵一发而动全身。也就是说，村寨是一个集体社会，一家处事不当往往会被其他寨邻排斥。

在具体的实践中，主要体现为农忙时分的换工，包括稻田的耕种与收割、耕牛的借用、平日里的互助等。

在金家坝的丧葬仪式里，由于孝家招待亲友的场地有限，孝家将吃饭的场所和外祭时亲戚休息的场所改在了邻居的院坝里和堂屋内。

通过与主人家的交谈得知，主要是因为人流量大，仅孝家无法完成这种接待，又考虑到远近，于是，离孝家最近的左右邻居的院坝和堂屋成为招待来宾，尤其是舅爹一行人吃饭的场所。外祭当天，一共来了100多桌客人，面对如此庞大的人群，孝家显然无法独自完成招待，邻里和其他寨邻都会给予他们最大的帮助。

除了这种帮助之外，还有围绕服饰生产展开的互助。在日常生活里，这种以服饰为纽带的邻里互助也常常出现。在新寨陈老太爷的民族服饰作坊里，赶不上工期的事情时有发生，这时邻居也会帮着赶工。主家会用自己的方式感谢邻里乡亲。在"蒙榜"苗族社会里，这种彼此的互助和赠予使"你情我愿"式邻里情感得到最大程度的建构与维系。

三、"伙气"群与"姨妈"群

在"蒙榜"苗族社会里，小群体是青年男女表达情感的重要平台。男性志趣相投会选一个吉利的日子去彼此的家里拜祖认亲，从此结为伙气。女性同样如此，形成姨妈群。这种群体的形成不是一蹴而就的，而是通过彼此间的情感共鸣和认同实现。

3月9日晚上，我们和新郎的伴郎团一起陪女方堂哥们吃饭。在大家一起交流时进一步确认了伴郎团主要是新郎的伙气，彼此认过家长，但是其中的几个伴郎并不相识。在这几天里，他们一起喝酒、一起聊天、一起吃饭，不相识的几个人打算叫上女方的堂哥进一步增进感情拜伙气。他们商议择好吉日，各自买好香烛、鞭炮到林卡XM家拜伙气，一起吃饭认下伙气，以后有什么事情互相帮助。①

　　不管是男性伙气群体还是女性姨妈群体，志同道合、趣味相投是组建群体的主要原因。平日里，这种情感主要是通过日常的聚会和彼此间的走动维系。聚会喝酒成为了不可或缺的一环，往往气氛到达高潮时伙气们会在聚会上吹奏芦笙，姨妈们会拉着音响，穿着民族服饰在院坝里唱歌跳舞。节假日成为伙气和姨妈们聚会的主要时间。而这种维系，也会通过互助的形式出现，我们之前跟随L哥去摆古村大寨的伙气家帮忙守夜就是这种互助式情感的体现。此外，姨妈群体之间也会以这种赠予和互助的途径维系和联络姐妹情感，如花衣服原材料的赠送、日常生活中挑花刺绣的技术互助等等。这种伙气、姨妈群体随着时间的发展，逐步成为了苗族男性和女性表达情感的一种有效途径，因为这种情感一旦连接就会伴随彼此一生。

---

① 2021年3月9日滥坝田野调查资料。

第五章　节庆活动的服饰与仪式

王建民在《艺术人类学新论》中说："服饰作为能够被文化实践者理解和认识的重要符号，族群的认同在不同的条件下，可能会以此为基础，进而通过民族服饰对空间和景观的占有，在与他者互动的过程中呈现出丰富多彩的象征意义。……在一个族群内部，人们会鄙视那些违背了身体装饰文化规范、穿衣戴帽不得体的人。"[①]在"蒙榜"苗族的传统节日里，人们穿着的服饰不仅是对个人装束习惯的培养，更是一种文化的展现。因而人们会严格遵守服饰的穿着传统，这就使得人的身体表现为一个空间场域，而服饰将族群文化实践刻写在上面，在节庆活动中表达特有的情感。

第一节　"跳场"与"玩场"

"蒙榜"苗族是一个"爱玩"的民族。无论哪一个村寨有节庆活动，周边村寨的"蒙榜"苗族都会结伴前往游玩。新型冠状病毒感染使民族节日活动的举办受到了很大的影响。但这并没有影响和减弱

---

① 王建民：《艺术人类学新论》，北京：民族出版社，2008年，第101页。

"蒙榜"苗族通过节庆活动来增加和强化集体认同感。

对"蒙榜"苗族来说，玩场和跳场是同一群体活动的不同称呼而已。一般来讲，农历一月和二月的场，统称为"跳场"或"跳花"，从农历三月开始以后的场一律叫作"玩场"。两者的区别主要体现在月份不同所导致的举办隆重程度的不同。需要说明的是，农历六月至七月的玩场，需要经过生肖甲子推算确定。如果第一个龙场天是在当月初六或之前，这一次的玩场就不再举行，通常要玩第二个和第三个龙场天。当地人说，这是因为一个月有三个龙场天，活动日期过于密集，所以就将第一个龙场天舍弃。一般情况下，每个村寨都有属于自己的传统跳场和玩场的场地，跳场和玩场的内容和表达形式基本一致，都是"蒙榜"苗族穿着盛装聚会的一种形式。跳场需要栽花树①，而玩场则没有这么多的约束，姨妈们在节日里三五成群，统一到某个地方玩耍，也可以被称作是"玩场"。

一、跳/玩场流程

一般跳场主要分为三个步骤：踩场、正场、扫场。

（一）踩场

如今某一个村寨要举办跳场活动，第一件事就是筹钱，而后向村委会申请经费。接着是确定日期栽花树（有些村寨将栽花树叫作栽杆，通常是提前好多天栽杆，一般是栽杆后的第二天跳场）。先是由村寨的寨老带领去选杆（不同村寨的要求不一样，主要有竹竿和树两种），

---

① 与栽杆等同，一般栽的杆是竹竿或树。

杆子不能乱选，选中的时候要用香烛、纸钱进行祭祀活动。祭祀好之后才可以把杆砍下来，一口气扛到场坝。接下来，寨老穿着民族服饰（头包黑纱帕，身穿蓝色长衫，系腰带）开始对杆子进行祭祀，与祖先进行对话，为众人祈福。随后放炮竹、烧香、供烛等，并将一段红布系在杆子上，俗称"挂红"。祭祀结束后，全寨的人着盛装簇拥着杆子来到场地中央，随后用三根木棍进行固定，杆子旁边摆放一张供桌，桌子上放供品、香烛纸钱、酒水杯子，芦笙唢呐挂在固定木棍和杆子的绳子上。随后在寨老的指引下，开始踩场。踩场主要由孩子们完成，孩子们穿着盛装围着杆走三圈，接着又是十几个孩子吹着芦笙、跳着舞围着杆绕三圈。至此，踩场仪式结束。由于地域不同，一些村寨需要将栽好的杆子移走，而另外一些村寨则不会移动，觉得移动会带来不好的影响。

图5.1　花树（左）及花树下的供品（右）

图5.2　踩场中的青年们

（二）正场

正场当天是跳场期间人流量最多的一天，苗族同胞们来到跳场的村寨一起庆祝。基本上开场时间在早上10点左右，届时会邀请宾客进行开幕。简单的开幕式以后，如果场地搭建有舞台，来自各个地方的人们会穿着民族服饰上台进行表演。实际上就是通过一个集会的形式展现苗族的歌曲、服饰、舞蹈、乐器等。场地中央是花杆，老人们围在周围聊天、对歌，伙气们、姨妈们聚在一起寒暄、唱歌跳舞。当然也少不了民族体育——斗鸡活动，而在场地的周边，都是一些小商小贩在摆摊，吃喝玩乐的都有，热闹非凡。

正场这天，人们从四面八方涌来，在场上梳妆打扮好后，穿盛装的男女青年吹着芦笙，踏着舞步，围绕花树翩翩起舞。跳场是青年男女公开社交、谈情说爱的场合。其间还有一些习俗表演，如爬高竿（又叫猴子摘鲜果），箫筒演奏，口弦、口琴、木叶吹奏，有时会有蜡画、刺绣比赛。男女青年对歌，老人斗鸟、斗鸡等。不仅有苗族同胞表演节目，现在汉族和布依族也纷纷参与其中一展才华。场地人山人海，欢声鼎沸。直到天色渐晚，人们才带着不舍纷纷散去。

（三）扫场

第三天，也是跳场的最后一天，基本上没有多少人，商贩们也陆陆续续地收摊离去。一直到下午，随着人越来越少，这一次跳场活动也即将到尾声。与开始时一样，结束时同样也要进行祭祀，需要孩子们穿着民族服饰唱着歌跳着舞围着栽杆子走三圈。之后将红布取下，标志着今年跳场就此结束。新婚或婚后不育的人家，或者未婚年轻人要求向跳场主办村寨"接花树（杆）"。每家抢一节，带回家做筷子，求平安、求早生贵子。至此，整个跳场活动全部结束。

二、跳/玩场的时空分布

通过我们的走访调查，"蒙榜"苗族一年中跳场、玩场时间地点汇总如下：

表5.1　农历一月跳场

农历月份	日期	名称	场地	新/老场 老场场龄≥30年 （以下同）	备注
正月	初二	跳场（跳花）	贵安新区四新村	老场	
	初三		四新村、白寨苗寨	白寨苗寨为新场	已有七八年
	初四		四新村、白寨苗寨		
	初五		湖潮乡长冲马路	新场	已有六年
	初六		党武乡摆门村	新场	已有九年
	初八		燕楼乡旧盘村	老场	立竹竿，三十五年
	初九		燕楼乡旧盘村		正场
	初十		燕楼乡旧盘村		砍竹竿，散场
	十一		贵安新区川心村	新场	已有两年
	十二		贵安新区川心村、凯掌村	老场	凯掌村为当地花苗最大的聚居区，为老场
	十三		贵安新区凯掌村、乌当大桥村	新场	大桥村新场已有六七年
	十四		观山湖西苗村	新场	十多年
	十五		湖潮乡磊庄机场跑道	老场	
	十六		贵安新区坡脚寨	老场	立竹竿
	十七		贵安新区坡脚寨		正场
	十八		贵安新区普贡村	老场	三十多年
	十九		贵安新区高峰村	老场	
	二十		贵安新区新寨村	老场	
	二十一		贵安新区竹林村	老场	立竹竿，最乱的场，位于坪坝、长顺、花溪交界
	二十二		贵安新区竹林村		正场
	二十三		贵安新区竹林村		砍竹竿，散场

表5.2 农历二月跳场

农历月份	日期	名称	场地	新/老场	备注
二月	十四	跳场（跳花）	乌当区石头寨	老场	立竹竿，为凯掌村"女婿场"，向母舅家要场地
	十五		乌当区石头寨		正场
	十六		乌当区石头寨		砍竹竿，散场
	二十		久安乡贡固村	老场	需立竹竿，玩一天，为纪念女英雄

表5.3 农历三月至六月玩场

农历月份	日期	名称	场地	新/老场	备注
三月	初三	玩场	观山湖区杨惠坡	新场	搭舞台，最后一次立竹竿，2005年修高铁占地，从贵阳南明河上二桥搬到此地
四月	初五		青岩高坡	老场	此后不再立竹竿
	初七		贵安新区佳林村	新场	十二年左右，由本村十二对夫妻在"多彩贵州风"获奖后申请开场
	初八		花溪区燕楼乡旧盘村	新场	已有三年
	初九		贵安新区林卡村	老场	
	初十		贵安新区凯掌村	老场	
六月	第一个"龙场天"		贵安新区新寨村	老场	只玩一天，本月初六之前的龙场天不玩
	初六		贵安新区平寨村、花溪区马林乡盐井村	老场	当天为布依族的玩场

表5.4　农历七月玩场

农历月份	日期	名称	场地	新/老场	备注
七月	初二	玩场（又称米花节、稻花节）	金阳假树公园	新场	立竹竿，2008年左右从金华镇狗场搬到此处
	十五		贵阳观山湖区蛤蟆井	老场	立竹竿，搭舞台
	龙场天		花溪区石板镇	老场	已不玩
	蛇场天（第二个和第三个）		花溪区石板镇天河潭	老场	以前是在天心桥附近，由于景区开发，后改在音乐喷泉附近，场地芦狄村和隆昌村共同争取得来
	马场天		花溪区党武镇果洛村	老场	已不玩
	羊场天		花溪区湖潮乡磊庄机场跑道	老场	
	十七		金阳二牛寨	新场	不立竹竿，搭舞台，三年

　　通过统计分析比较，我们发现，"蒙榜"苗族跳场、玩场有如下特点：

　　1、时间和场地分布特点。从前表所列可知，跳场、玩场具有明显的周期性和相对固定性。在进行的六个月份中，农历正月是节日最多、日程也最为紧凑的一个月，从正月初二到二十三，仅初七当天没有安排活动。另外，场地主要集中在贵阳以南花苗聚居区——"上头方"区域，按照现在的区划来讲，即贵安新区周边村寨。乌当区与观山湖区的跳场和玩场，多在农历二月和三月。

　　2、场龄特点。为了解六个月份所有场地的性质，我们以30年为界限，场龄超过30年的，视为老场地；小于30年的则看作是新场地。具体为下表所示：

表5.5 场数统计

农历月份	场数（个）	老场（个）	新场（个）
正月	15	9	6
二月	2	2	0
三月	1	0	1
四月	5	3	2
六月	2	2	0
七月	7	5	2
总计	32	21	11

　　做新老场地的比较，是为能更好地了解"蒙榜"苗族玩场的重要性，以及场地作为"蒙榜"苗族集体认同的空间认知。在他们看来，老场地是被极为看重的，因为这些场地是"蒙榜"苗族群体对所属生存环境的具体感知。从上表可知，老场占了总场的三分之二，新场则仅为三分之一。历史上的迁徙、流动以及现代化建设也为场地的设置带来了些许改变。玩场时，每当我们对别人说自己住在花溪区朝阳村①，他们会略带欣喜且惊讶地反问我们一句："真的假的哦？"这是因为，原来的花溪朝阳村也是"蒙榜"苗族一个聚居寨子，由于紧邻高校，加之征地搬迁等原因，大部分"蒙榜"苗人已于20世纪五六十年代迁往了安顺平坝附近居住。目前朝阳村依然有"蒙榜"群体，只

---

　　① 以贵州大学所在的东校区为界，南北分为新朝阳村和老朝阳村。北边的是新朝阳村，花苗多；南边的为老朝阳村，汉族多。

不过汉化、现代化严重，已经看不出"蒙榜"苗族的影子。由于新朝阳村地处贵州大学老校区附近，村民或自家做起供学生吃喝住宿的生意；或将房屋出租给他人，自己去他处居住。如今住在新朝阳村的"蒙榜"苗族，只有在举行丧仪活动时，通过他们的着装打扮，才知道他们的身份。

现在"蒙榜"苗族跳场和玩场场地的分布，也因人口的增多而有所增加。在表5.1至表5.4中，我们也可以看出，新场地的开辟，原因也不一。比如，二月场的乌当石头寨场，原本是没有的，相传是贵安新区凯掌村的姑娘嫁到了石头寨，向娘舅家要的一个场。因此，大家也通常称石头寨的场为"女婿场"。当我们问及玩场场地是不是终年固定时，得到的答复是否定的。他们觉得只要一个村想设场，提前准备、告知并邀请大家就行，并不需要做特殊的安排。而设场的原因也各不相同：既有因城乡发展的征地搬迁，如三月的金阳杨惠坡，2005年因高铁占地从原来的老场地二桥搬到现处；金阳的假树公园场，2008年前后因金阳新区开发，从原来老场的金华镇狗场处搬来。也有因村寨喜逢大事，为进一步扩大宣传本寨而设场，如贵安新区的佳林村，本村12对村民在"多彩贵州风"比赛中获了奖，而申请设场；久安乡的贡固村，为了纪念当地有名的女英雄而设场。

场地的新增，也同时伴随着场地的删减与舍弃。值得一提的是七月的石板场和果洛村场。不玩石板村场的原因，村民给出的解释是"那里的人说话不礼貌也不客气"；果洛村场则因为此地比较乱，以至于到现在，大家基本上也不提这两个场。

第二节 跳场、玩场中的族群情感认同

一、群体的界定和划分

在跳场和玩场中，总是会汇聚来自四面八方的苗族人和游客，人们穿着节日盛装，三五成群一起去玩耍，因而在跳场和玩场中会看见穿着不同服饰的苗族男女。尽管乌当、云岩、花溪等区域的"蒙榜"苗族都属于同一支系，但不同村寨和区域之间服饰存在的差异比较明显。这就使得无论是在跳场中还是在玩场中，人们能够一眼分辨出穿着花衣服的男女是哪个村寨的。

受到地域区间因素和地理环境因素的影响，不同地方的"蒙榜"苗族对于服饰色彩和装束形式有一定喜爱和偏好。如花溪"蒙榜"苗族服饰崇尚鲜艳，因而在一件服饰当中能够看到不同颜色的花，而衬托这种色彩的往往是黑底和蓝底的细布。同样如此，对于包头帕的选择也是讲究色彩鲜艳，绣花帕和蜡画帕成为苗人的不二之选。与此相比，居住在乌当区高寨的苗族服饰色彩就相对暗淡，在服饰的材料选取上崇尚白色。尽管花溪苗族和高寨苗族同属"蒙榜"苗族，在包头帕的选择上高寨的选择相对"小气"——女性头帕狭长，宽度较小，颜色为蓝白相间。

对于人群的区分和界定，在他们看来，大家同属"蒙榜"苗族支系，操同种方言，有相同文化信仰和习俗，只是各自所住的地方有所不同，导致衣服配饰的穿戴上略有差异，并惯以"上头方"和"下头方"这样的方位名称称呼彼此。通常来讲，以贵阳市区为界，贵阳以北的乌当区"蒙榜"苗族，称之为"下头方"；贵阳以南的花溪、党武、石板等地，谓之"上头方"。这样的称呼也成了"蒙榜"苗族内部群体最主要的族内区分方式。

因此，在花溪跳场和玩场时总能听到"你看乌当高寨的人来了"，当花溪这边的苗族去乌当那边的场地时也会被说"花溪的人来了"。不同地域苗族的"无意识"选择，往往会被有意识地区分，这就使得不同地域的苗族服饰差异成为群体的界定和划分标准。

二、群体聚会与集体狂欢

跳场和玩场作为"蒙榜"苗族最重要的民族节日，结群聚会、联络情感是其主要内容。

正月初二到正月十六，磊庄机场跑道成为附近几个苗寨玩花的场所，各类小商贩借此机会在整个机场跑道两旁摆摊，经营生计。而陈太爷家经营的传统服饰铺也是从正月初二开始，陈太爷每天都去磊庄机场跑道摆摊，一直到正月十六。磊庄机场跑道从正月初二开始每天都会有人去那边玩花，正月十五当天最为热闹，人流量也是最多。而每天只有中午11点到下午3点人流量才最大。去玩花的人基本上都是女性，她们盛装打扮，到磊庄机场跑道边上的茶园里跳舞、拍视频。主要是几个姨妈（闺蜜）穿着盛装出去玩耍。此外还有青年女性叫着伙伴，盛装打扮，去拍抖音短视频。在问及为什么会在这几天到磊庄机场跑道玩花、拍视频时，对方回答："主要是因为在正月里大家都不用干什么农活，而且平时都是各自忙各自的，一方面可以在一起玩联络情感，还可以在羊艾玩花的过程中看看大家有没有好看的花，买一些自己日常所需。"

正月十五当天是最为热闹的，人也最多。基本上各个地方的苗族人都会到磊庄机场跑道这里玩耍，也是盛装打扮。在来的苗族人中，有乌当石头寨和云岩区高寨的苗族，他们戴的头帕与平坝的明显不同，主要是用蓝色尼龙线制作而成，上面绣有白色花纹，明显区分于他们与当地苗族的关系。王阿姨说："主要是为了好玩，在家没有事做，约着几个姨妈就过来了，我们是自己开车过来的，也有坐公交车的。我是因为我姐嫁到这里，我们两家隔得不远，我到这里玩我还可以约她，到时候晚上去他家吃饭，玩。并且也有几个好玩的姨妈家就住在这里。大家一起来，人多才热闹。"①

显然在成家立业之后，远嫁的姨妈和姊妹们只能在节日集会，通过一起游玩、跳舞联络感情。伙气们同样也是如此，在玩场中聚会、饮酒，表达好久不见的兄弟情感。远道而来的伙气们和姨妈们，会在玩场附近的伙气家或姨妈家留宿。姨妈们通过玩场聚在一起，购买衣服配饰，交流当下市场上流行的花色花样，伙气们则聚在一起饮酒、吹芦笙、斗鸡。白天大家又一起穿着盛装去机场拍照留念。

在这种节日里，大家的结群主要是为了联络好久不见的情感，以

---

① 2021年2月26日田野调查资料。

这种聚会维系彼此之间的友情。在"蒙榜"苗族的观念里，"一个村寨跳场玩场，不热闹会被大家耻笑"[①]，这就使得不同地域和村寨的苗人齐聚于此，一定程度上撑起了这个村子的"脸面"，寨际之间交流加深。

以下是我们2019年8月份去天花溪区天河潭玩场时的田野记录：

　　2019年8月12日，农历七月十二，贵阳花溪片区的花苗又开始了每月一聚的玩场活动。当天早上七点过，刘正明老师（贵阳花溪苗学会副会长）打电话来说今天在天河潭[②]有玩场，主要是对歌活动，会持续到下午的五六点钟，特嘱托我们去看一下、感受一下。

　　从花溪去往天河潭，全程大约6公里，连接花溪与石板天河潭的主要道路为花石路。花石路的全面整修[③]，给周边市民的出行，尤其是为花溪一带花苗的跳场聚会，带来了巨大的便利，大大缩减了路途时间。花溪车站有直达景区的旅游公交车[④]，沿花石路行进，每30分钟一班，票价5元，只需要半个小时左右的公交车程就可到达目的地。

　　当天的玩场活动从早上的六七点钟就已经开始，同属花苗这一支系的苗族从各地赶过来，大体包括周边花溪、石板、党武等乡镇村寨，也有稍远的贵阳市区，更有贵阳北郊的乌当区。

----

① 2021年2月26日田野调查资料，访谈对象为L哥。
② 位于贵阳花溪区石板镇，为贵阳市著名旅游景区。
③ 2016年6月花溪区政府决定启动重建花石路计划，将花石路由乡村道路改建为市政道路，进行路面硬化和排水工程建设，形成双向六车道，于2018年底完工。
④ 双向始发，早班7：00，末班19：30。途径花溪公园、花溪一小、吉林村、贵大附中、云峣花园、物流园路口、石板政府、石板加油站，最后抵达终点站天河潭。

　　八月份时值暑期，当天贵阳天气晴热。天河潭作为有名的旅游风景区和消暑胜地，前来此地游玩的游客络绎不绝，加之当日花苗"玩场"，人流剧增，更加凸显了天河潭的人气。当我们到达景区门口时，已有游客和身着民族服装的人，或是从景区内向外走，或是在高架桥和树荫下歇凉。在门口不远处，我们碰到了五六位布依族的中年妇女，她们身穿青蓝色上衣，黑色或灰色外罩，黄色腰带，下身白裤，脖子上佩戴银质项圈，脸上是淡淡的妆容。我们迎上前去，在和她们攀谈了几句后，得知她们来自周边的布依族寨子，今天也是过来游玩的。当我们问她们可知今天是苗族的"玩场"时，她们表示知晓，就是趁苗族玩场过来看看热闹。她们也告诉我，苗族玩场在里面音乐喷泉附近，让我们去里面看看。

　　在和她们告别之后，我们沿着景区的主路往里走。游人进进出出，景区安保人员在道路两旁执勤，疏散交通。时值中午，天气炎热，路边的阴凉处已经坐满了前来玩场的花苗，女性少数身穿苗族便装，头戴棕色或蓝色头围，男性大多没有特意的装扮，都是现代的平常穿着。偶有上了年纪的男性老者身着蓝色长衫，头上有黑褐色染布包头，在人群中格外显眼。再往里走，位于音乐喷泉附近的空地草坪和旁边路段是这次"玩场"的主会场，明显在这里聚集的人最多。大多数人在空地草坪上围坐、休息，也有人撑起露宿帐篷、铺上毯子在其间闲玩。人群中一些中年男女三五成组在对歌，这边唱罢那边和。主路上依旧是人来人往，几个舞蹈群体在高音音响的伴奏下，卖力地跳着舞步，吸引着旁人的眼球，舞种既有热情欢快的迪斯科，也有舒缓的交谊舞，更有时下年轻人喜欢的酷炫街舞。身着苗族服饰的他们融入其间，在这样一个快乐的时间节点上，看不出有任何的突兀感，只有满满的幸福感。

在主路旁的一个小道上，依然是熙熙攘攘的人群，他们有说有笑，停坐在路边。突然有歌声响起，我们循着歌声找到了这个对歌群体，男二女四，共六人，都是四十多岁的中年人。在对歌方式上，基本上都是男方唱一段，女方跟着唱一段。每次对歌时，两方都有一个主唱，剩下的人是帮合唱，主唱的人选并不固定，谁能在第一时间回应对方的歌词谁就可以当选。

当天下午四点过，已有玩场人陆续散场回家。我们原路返回，路两旁依旧是玩场之人。他们三三两两坐着，或是一起聊天拉家常，或是唱歌，热情丝毫不减。①

当天的玩场，最主要的活动是对歌，既有异性之间的，也有同性之间的。在整个对唱过程中，大家使用的都是西南汉话，唱的也都是汉语歌。对歌内容基本上围绕着情爱展开，或是打探底细，或是互诉衷肠，或憧憬美好生活等。歌词多借物抒情，进行拟人化的处理，具有极强的联想力。如女唱"刺梨花开在路边，问哥可否来欣赏"，男对"刺梨有花在路边，我看蜜蜂在上面"。再比如，在男女互诉衷肠时，男方唱"你是瓦，我是泥，我要陪你一辈子。你是藤，我是树，我们一起过日子"等等。这些随心随性、临时添加的歌词，总能生动地表达对歌男女的心境。

现年四十多岁的ZGF是花溪区党武乡人，他告诉我们：

---

① 2019年8月12日天河潭走访调查资料整理。

我们刚才唱的歌，都是十八岁年轻小伙子小姑娘唱的，是我们花苗青年男女谈情说爱时唱的情歌。歌词可以随意唱，随意改，不固定，只要把歌唱出来就行，曲调是不变的，主要比的是哪一方能第一时间对上来。如果对不上了，就认输，接受惩罚。大家所唱的歌词没有固定套路，对歌玩伴也不固定，你起一句，她对你一句，这样就对起歌来了。就拿这次我们对歌来说，女方她们几个，我都不怎么熟悉。你看她们头上戴的是蓝色头帕，是从乌当那边过来的，我和我旁边这位兄弟是花溪党武乡的。大家彼此都不熟悉，只是大家今天聚会玩场，都是花苗，唱的歌大家都知道，对对歌一起高兴高兴。①

我们静静地坐在ZGF的身边听他和女方对唱。ZGF是男方领唱，女方因为人多，领唱的人不固定，谁第一个开口唱，谁就是领唱，其他人就跟着一起帮唱。那天ZGF他们的对歌前后共持续了将近半个小时，对歌结束后，大家也各自散开了。

图5.3　玩场中的场景

① 2019年8月12日，与ZGF的访谈资料整理。

图5.4 对歌

事实上，花溪一带"蒙榜"苗族玩场的时间有其固定性和周期性，玩场地点也不一。具体来说，每年从农历正月开始，一直到七月份才结束。需要特别提及的是，农历七月是"蒙榜"苗族玩场较为看重的一个月份，其地位和影响力仅次于农历正月份，也是本年度玩场的最后一个月。

按照玩场的时间次序，在农历七月十二日花溪天河潭玩场结束后的第二天，紧接着是花溪区湖潮乡磊庄飞机场附近的玩场。正因为是最后一个玩场的月份，天河潭和磊庄飞机场跑道的玩场依照当月十二生肖推算的日子，分别于农历七月二十四、二十六日又多玩了一次场。

农历七月二十四日的天河潭玩场，和上一次玩场相似，对歌、跳舞依旧是主要的玩场内容。上午七八点，各地的玩场人陆续进入场地，他们多结伴到达，或携家带口，或三五成群，在主路两边或是近旁的坡上歇脚。主路上跳舞人带来的音响还是有节奏地响着，年轻人热衷于时下流行的现代舞，时尚点儿的中年人跳着交谊舞或广场舞，上了年纪的中老年人坐在路边，对对歌、拉拉家常，时不时还会对正在跳舞的年轻人评点一番。

除了对歌跳舞，我们发现"蒙榜"苗族男性中也有不同的群体之分，比如遛鸟、吹箫等的小群体，他们远离那些嘈杂，寻一僻静之处，各自聚拢在一起，彼此交流，沉浸在属于他们的快乐之中。

三、男女情感交流与祖先赐福

跳场和玩场，是每一个"蒙榜"苗族青年必须参与的重要活动。因为按照老一辈人的说法，跳场和玩场相当于男女青年的"游方"①，青年男女在这个场所相识，因而会对彼此有着良好的印象，该场也就有可能成为两人情感的起点、人生的第一站。

因此，在跳场举办前，父母们会将自己已经成年的儿女精心打扮，为他们穿上盛装，鼓励已成年的男女参与到节日中。这些青年男女往往不是单独行动，一般会叫上与自己同寨同年龄阶段的伙伴们，大家结群去玩耍。正是在这种玩耍中，男女双方会建立起友谊，最终会发展出私密情感。而以服饰为纽带的结群方式，成为青年男女们选择群体交流的依据。跳场和玩场自然而然成了男女彼此相识、缘分开始的起点。

我们的田野报道人LFG，四十多岁，贵安新区林卡村人，也是我们这几次玩场认识的。他告诉我们，他和他爱人就是年轻时通过玩场认识结婚并组建家庭的。现有两个孩子，大的16岁，小的7岁。他爱人在当地附近的富士康厂工作。他四处赶场摆摊售卖本民族男士衣服以

---

① 意即谈情说爱。

及毛线、丝线等日常生活用品维持生计，他的爱人也会在上班间隙过来帮忙，生活过得还算不错。

图5.5　元宵节玩场的女性

值得一提的是，跳场活动的举行和族群记忆认同是分不开的。跳场活动开始时，各村在寨老的组织安排下，大家穿着盛装、吹着芦笙进行踩场，告慰神灵祖先，祈求得到祖先的赐福和庇佑。仪式结束之后，人们将对神灵和祖先的崇拜和信仰表现得淋漓尽致。竹竿在被家族长老开过光后，能够有效地和祖先神灵沟通，人们才能够得到更好的庇佑。于是，不管是未婚的还是已婚的，都会想尽办法哄抢花树竹竿，以得到祖先的庇佑和赐福。

结论与思考

当"情感"研究进入社会科学研究领域的时候，往往被视为一种精神传播的介质与产物。①尽管如此，情感并不是心理学上单指一种心理或者生理上的反应，情感作为分析人类和研究人类行为的一种手段，相关研究只能放在特定的社会情境中，被当作一种社会整体性才能被理解和阐释。

情感作为文化的一个部分，在特定的文化空间内，本书以服饰与仪式作为主要线索去体现黔中"蒙榜"苗人如何表达情感，展现民族的文化特质和性格特征，并与共同体内的成员进行情感互动，连接其社会关系。

一、服饰与仪式是"蒙榜"苗族情感表达的重要载体

服饰和人生礼仪对于苗族的意义不言而喻，它们不仅是苗族文化传播和生活方式的重要载体，也是苗族文化历史传承和长期累积过程中衍生出来的物质形式和精神寄托。在现实生活中，黔中"蒙榜"苗族的服饰是与仪式分不开的，因为黔中"蒙榜"苗族的服饰伴随着人

---

① 参见张桔：《大理白族绕三灵仪式中的老年人情感互动研究》，云南大学博士学位论文，2019年。

们的生与死，并且在人生的不同情景之中，以服饰赠予为核心的情感表达较为浓烈。

（一）服饰图案与色彩表达特定的情感寄托

就"蒙榜"苗族服饰的分类和场所用途而言，主要分为重要场合的盛装穿着，如月米酒、婚礼、玩场等仪式活动中的装扮，以及日常生活中的便装。便装也会作为表演服饰出现在节庆上，成为妇女们表演歌舞时的首选。从服饰的色彩来看，无论是挑花的便装还是盛装，底色主要为蓝色和黑褐色，而服饰上面的花却用彩线挑成。此外，黔中"蒙榜"苗族对于色彩的选择源于生活、生产实践，人们在节日或某些场合上的服饰选择、色彩搭配，一定程度上与人们的情感态度和文化心态息息相关。色彩的选择与适用人群有着明显的区分。如在丧葬礼仪中，孝服的蓝白二色和丧葬的主色调往往给人凝重、肃穆、庄严之感，更能体现活人的情绪变化和对亡者的悼念之情。在生活中或节日里"蒙榜"苗人色彩使用的人群划分也是一种情感转向，一般色彩鲜艳的服饰是年轻女性的选择，而色彩暗淡、单调的服饰多是中老年妇女的装束。所以服饰的选择和色彩的穿搭及其适用人群表达着黔中"蒙榜"苗人对于服饰的情感、生活的态度。

其次是黔中"蒙榜"苗族对于服饰图案的情感取向。"蒙榜"苗族服饰图案纹样众多，主要源于生活和生产实践，基本上囊括了山川河谷、花鸟鱼虫。从某些层面来说，这些服饰纹样图案一方面反映了"蒙榜"苗人生产生活的态度，通过将自然界中客观物体用挑绣的形式记录在服饰上，表达最朴实的情感。另一方面，在长期的实践记忆中，通过挑绣的形式将对祖先、祖辈的迁徙之路记录于服饰上表达崇拜、信仰、怀恋之情，也是"蒙榜"苗人生活智慧的真实写照。如在出生礼仪中，黔中"蒙榜"苗人会将一些图腾（蝴蝶）、汉字绣在背扇上，以寻求祖先庇佑，希冀孩童平安、健康成长。而盛装上的石榴、桃花、太阳纹等纹样同样如此，都是表达人们对美好生活的向往之情。

（二）人生礼仪及仪式化生活场景饱含多元化情感态度

不同阶段的人生礼仪和仪式化生活场景蕴藏着"蒙榜"苗人不同的情感态度。姻亲缔结，让两个陌生的家庭、家族、村寨从初见时拘谨，到再见时欢喜，最后久处聚集狂欢，这是情感表达的转向过程。首先，出生礼仪是两个家庭、家族、村寨在姻亲关系建立的基础上的集聚，在这一仪式过程中主要展现对新生命的迎接、崇尚、尊重等。其次，丧葬礼仪的整个仪式活动充斥着悲伤的情绪，是亡者回归祖地前现实遗留的最后痕迹，是活人对亡人的悼念、告别。最后，在日常生活中，情感又回归生活实践，黔中"蒙榜"苗人在日常交往中的点点滴滴充斥着情感体验。在一个家庭中因社会关系的不同，存在着父母与子女之间、祖与孙之间、平辈之间的情感，在村寨内部又有因社会关系的建构与维系形成的情感互动与体验，如男性之间认伙气、女性之间认姨妈、男女之间自由恋爱等等。

总之，服饰和仪式是黔中"蒙榜"苗族情感表达的主要承载体。无论是从单一层面分析服饰所表达的情感意义，还是仪式所蕴藏的多元情感元素，服饰在仪式中的社会性应用，使得"蒙榜"苗人的情感表达更加鲜明和多元。

二、服饰与仪式中"蒙榜"苗族情感的文化特征

（一）个体情感与集体情感之间的关联与互动

不论是涂尔干提出的"集体情感"①，还是阿格妮丝·赫勒提出的"定向性情感"②，两者都是在强调个人情感受到社会的决定。"集体情感一般发生在社会主导或提倡的礼仪情景下，与人的礼仪行为直接相关。"③也就是说在一个社会共同体中，尤其是在某一特定的场景内，各个成员心中激起一种共同的情感，而这种情感就是集体情感，仪式活动的反复介入使得这种情感得以加强和巩固。

诚然，黔中"蒙榜"苗人是一个以礼仪为重的民族，无论是节庆时人们展现的热情喜悦之情，还是人生礼仪表达的严肃庄重之感，生活中处处都能体现"蒙榜"苗人的情与礼。譬如在一些既定的礼仪仪式中，人们的情感表征就是要表现得体，通常会依据身份角色表现相应的情感态度。丧葬仪式肃穆庄重，服饰作为显性物质在丧礼中存在，使得每一个参与者都受到一种共同的情感支配，有着共同目的，展现活人对亡者的敬畏、缅怀以及整个丧礼悲伤的情绪，这一情感过程即是集体情感的体现。此外，从情感的发生过程来看，这种集体情感是

① 埃米尔·涂尔干：《社会分工论》，渠东译，生活·读书·新知三联书店，2000年，第40—43、89—92页。
② 阿格妮丝·赫勒：《日常生活》，衣俊卿译，重庆：重庆出版社，1990年，第249—251页。
③ 宋红娟：《"心上"的日子——关于西和乞巧的情感人类学》，北京：北京大学出版社，2016年，第33—34页。

社会约定俗成的，人们会受其潜移默化的影响。譬如在黔中"蒙榜"苗族社会里晚辈对长辈的敬重、主家对宾客的热情招待、新婚夫妇的敬茶行礼、姊妹之间婚服的制作和赠予、穿着盛装出席节庆等等，是在长期的实践中自然习得的。

　　个体情感是发生在一定的情景中，个人为满足自身情感需求而产生的态度体验。与个人情感异曲同工之妙的有宋红娟在《"心上"的日子——关于西和乞巧的情感人类学》一书中提及的"非定向性情感"①，这种情感发生在正常礼仪规范之外的情景中。也就是说一个人在特定的礼仪仪式中只能表达一种情感，不能既表达集体情感，同时又表达个人情感。在实际生活实践中，黔中"蒙榜"苗人的日常交往最能体现这种情感。譬如在第四章中，首先是服饰经营者与原材料供应商之间围绕服饰展开的利益冲突，以及在村寨内展开的一系列经营策略、人情往来，都是个体为满足自身需求所展现的情感策略。其次，一个家庭，其内部成员所表达的情感，包括两性之间的情感建构形式，姊妹之间的礼物赠予，代际之间的冲突、矛盾、传承、教习等，都可以看作是个体情感的呈现。

　　尽管人类学家们强调一个人在特定的情境中不能既表达集体情感，又表达个人情感，但值得深思的是，在黔中"蒙榜"苗人的实际生活中，这种情感的表征在既定情景中却可以自由切换。在情感态度和情感行为关系进一步强化同步时，个人情感和集体情感出现转化和互动。这种转化和互动可以解释"蒙榜"苗人的情感具有一定的共性，在一定条件下集体情感寓于个人情感中。在婚礼仪式中服饰与仪式交

---

　　① 宋红娟：《"心上"的日子——关于西和乞巧的情感人类学》，北京：北京大学出版社，2016年，第63页。

织作用所呈现出来的情感体验，就是个人情感到集体情感的转变与升华。一方面，女性在表演时，每一个个体都有自己的偏好和定位，在装扮、舞蹈、对歌中也有自己的角色和情感所指；另一方面，婚礼筹备过程中大姐对弟媳的服饰赠予、男方家的聘礼、女方家的嫁妆（毛毯、棉被、拖鞋……）等等也暗含私心。总的来说，尽管目的不同，但是在这特殊的情景中，个人情感与集体情感并没有刻意互动而是自然而然地保持一致和统一，都是为了庆祝和祝福新人。在丧葬礼仪中，这种情感的互动与转化更加明显。通常丧礼是活着的人为亡人回归祖地前在现实中进行的最后告别与缅怀，其中包含忠孝、感恩以及戏谑共娱的仪式情感。于是从丧礼的开始到结束，围绕服饰（亡人入殓的服饰、丧服、孝服、以礼物形式存在的毛毯等等）所表达的个人情感通过这个特殊的仪式场合，将私心和小心思自然地转换成了对亡者的"忠"与"孝"。孝女穿着孝服哭孝时个人情感的宣泄，以及亲子剃头穿草鞋，置办丧礼，是个人情感融入整个情感网络，并与集体情感保持高度一致的呈现。"有孝的孝子"和"会哭的孝女"就是对他们的情感认同。

任何集体和社会都是充满温情的，并且感染着集体里每一个人，使人们能够感受到充满生机的生活，内心的私心杂念也慢慢得到化解。这样的环境，让身处其中的人们品尝到了真情流露的滋味。正是如此，黔中"蒙榜"苗人个人的情感总是能够在集体场合里找到适当的位置和表达方式。在"蒙榜"苗族的丧礼中，众人会对孝子和孝婿重点关照，例如女婿祭奠行跪拜礼时会被亡人的儿媳和侄媳以戏谑的形式脱掉鞋子，在出殡送葬时，抬棺的寨邻又以"孝子打滚"的方式捉弄亡人的儿子和女婿。不同文化系统的人对此有不同的感受，有的人看热闹，有的人为此精心准备，最大可能地用污秽之物弄脏衣物。尽管在现实中这些戏谑和捉弄的形式和途径并不是每一个人都能接受的，且情感的表现形式与集体情感相悖，但是正是在既定情景中，在悲痛、伤感和肃穆的氛围里，个人与集体联系在一起，活人得到安慰，得以走出悲痛情绪。悲伤与欢愉、哭与笑在丧礼中完成了最合理的拼接与转换。同一文化系统中，仪式情感所呈现的多变性、多层次影响着个体情感的养成，在这种集体戏谑中，个体情感接受了集体情感的整合。

（二）人与自然、祖先和成员之间情感表述方式的多样化

通过服饰与仪式的内在关联，黔中"蒙榜"苗族文化内部表现出来的人与人之间的情感互动、社会关系建构及其所属的文化空间，构成了人与自然、祖先，以及自我情感表述的载体，成为"蒙榜"苗族最稳定的心理基础与文化结构。

人与自然、祖先和自我情感沟通由不同象征符号组成。这些象征符号体现着"蒙榜"苗族特定的文化心理，折射出人们在长期实践中，依旧保持着对特定历史时空场景的记忆与再现。譬如丧礼中的开路仪式和为亡者唱诵词就是一场时空对话。开路时，鬼师头戴斗笠、身系白毛巾、披蓑衣，左手臂上系一块红布、左手抱一只鸡并持着一把柴刀、右手拿着一根棍子，念着《开路经》与亡者及其祖辈对话。手拿柴刀和棍子，这样的形象再现了当时先人迁徙的坎坷场景。正是通过这种祭祀的手段，祈祷亡人祖先庇佑，表达对祖先的怀念和敬意以及对亡者回归祖地的交待。在黔中"蒙榜"苗族社会里，服饰的纹样来源，以及节庆的产生都是人与自然和谐共处的写照。服饰上的花鸟鱼虫、山川河流、星辰大海纹样等体现着"蒙榜"苗人与自然和谐共处的状态。而六月六、七月半米花节等节日体现了黔中"蒙榜"苗族与自然相处的情感态度和生活哲理，即敬畏自然，祈求风调雨顺、家族

平安。

人与人之间的交流并不是时时刻刻发生的，而是在特定的时间、地点完成预期的情感建构。于是，节日中的"蒙榜"苗人愈加珍惜这难能可贵的相聚，伙气们会约定聚会，通过吃饭、饮酒、吹芦笙联络情感。而姨妈们则是通过你来我往的邀约走访聚在一起，或交流新兴挑花纹样，或三五成群一起穿着便装或盛装跳舞、拍抖音短视频，表达姊妹之情，完成既定情景中的角色期待与扮演。

情感的产生必然与人与人之间的交流互动有关，服饰与仪式作为黔中"蒙榜"苗族情感表达的载体，情感的表达形式是多元化的。譬如在出生礼仪中，以服饰为载体的情感的表达是出于对新生命的迎接、敬重和崇尚；在婚姻中则是出于对新人成家礼仪的期许与祝福；在丧礼中又是出于对亡者的哀悼，活人对死人的别离和尽孝。而在日常交往中，服饰又是界限的划分、人情往来和社会关系的建构与维系方式。

在苗族文化研究中，以服饰和仪式的相关性为主体和对象，去研究暗含其中的情感表达并不多见。大多数学者主要选择单一层面对苗族服饰或者仪式进行溯源，探讨其社会功能、符号象征、艺术价值，并借此反映苗族女性生活和苗族社会结构。而从情感的角度，将服饰和仪式结合并加以讨论的实证性研究少之又少。苗族服饰和仪式作为苗族文化的集中体现，如何去展现和表达主体情感，凸显服饰与仪式之间的并性关系，特别关注普通人的情感世界，进而反映当地苗族复杂的社会关系与社会结构，是本书的写作目的。

仪式的产生离不开特定的生活与生产实践，服饰也是如此。更不能脱离文化去谈服饰与仪式所传达出来的特有情感。熟人社会中，个体、家族、村寨早已交织出一种特殊的乡土情怀，成为社会结构运转不可缺失的组成部分，成为一个制度性的要素。当我们从服饰与仪式的关联性中去理解两者的时候，会发现服饰因仪式具有特殊的符号象征含义，而仪式因服饰具有异样的感官呈现，赋予人们特殊意义的时空感。

仪式和服饰脱离不了人的存在，当这些汇聚着象征含义与感官呈现的仪式和服饰混合在一起的时候，人成了这种混合物的独有载体。为什么要举行仪式、什么时候举行仪式，为什么要穿衣服、什么时候穿，以及穿什么样的服饰，这一系列的发问，直面一个主体性诉求以及人类最基本的现实关怀，那就是人并不是仅仅为自己而活、而存在。人永远处在特定的社会关系中，有了关系才有了某种情感的建立和维系。而这种情感也因仪式与服饰的共时在场，有了更多的表述方式维度。亦如符号学中"能指"与"所指"所展现出来的有关形体与实体的对应关系。

服饰与仪式能够指认同一情感，但也能因不同的场景之变，使情感的性质发生突向性的变化。正如我们在文中介绍的，悲伤的葬礼中有"孝子打滚"这样的戏谑场景；避讳不洁的婚礼中有给亲友洗脚、穿脏鞋的捉弄。情感的表述从来都不是单一的，只不过我们看到了情感的某个侧面，从而将此放大并固定化罢了。在情感的世界里，充满着人情也充满着"利益算计"，人情世故便是人们日常生活的常态。由此看来，"蒙榜"苗族的情感绝不仅仅是单调的"阴郁"特性，欢乐同样占有相当大的比重。

可以说，人类的情感是多向性的。当我们把情感限定于某一特定人群的时候，情感便不单单是生理和心理的情绪化反映，它更多的是和文化、制度、精神、象征符号等结合在一起的"杂糅体"。换言之，情感是文化的情感，被文化规约赋予意义的情感。它既有自我个体的情感认知，也有与他人——长幼尊卑之间的情感联系；既有私密性的情感构建，也有公开性的展示炫耀；既有生者之间的人情往来，也有与故者祖先的族本溯源连接。

情感所表达的"整体性"也因此在"礼"与"理"的关联性中展现出来。情与礼是法理之下的敬畏、庄重、肃穆、明德，在于礼与神明、祖先的血脉相连；情与理是世俗生活中纲纪伦常的行为方式和处事原则。俗话说，"动之以情，晓之以理"，就是这种世俗世界最直接的情感表达。

参考文献

中文文献

图书

阿格妮丝·赫勒：《日常生活》，衣俊卿译，重庆：重庆出版社，1990年。

阿诺尔德·范热内普：《过渡礼仪》，张举文译，北京：商务印书馆，2012年。

爱德华·希尔斯：《论传统》，傅铿、吕乐译，上海：上海人民出版社，2009年。

埃米尔·涂尔干：《社会分工论》，渠东译，北京：生活·读书·新知三联书店，2000年。

爱弥尔·涂尔干：《宗教生活的基本形式》，渠东、汲喆译，上海：上海人民出版社，2006年。

达尔文：《人类和动物的表情》，周邦立译，北京：北京大学出版社，2009年。

费孝通：《乡土中国》，北京：作家出版社，2019年。

郭于华：《死的困扰与生的执着：中国民间丧葬仪礼与传统生死观》，北京：中国人民大学出版社，1992年。

胡红：《情感人类学研究与古琴文化》，北京：中国社会出版社，

2013年。

简美玲：《贵州东部高地苗族的情感与婚姻》，贵阳：贵州大学出版社，2009年。

K.T.斯托曼：《情绪心理学》，张燕云译，沈阳：辽宁人民出版社，1986年。

克利福德·格尔兹：《文化的解释》，纳日碧力戈等译，上海：上海人民出版社，1999年。

拉德克利夫-布朗：《安达曼岛人》，梁粤译，桂林：广西师范大学出版社，2005年。

李芹主编：《社会学概论》，济南：山东大学出版社，1999年。

李学勤主编：《十三经注疏·孟子注疏》，北京：北京大学出版社，1999年。

鲁思·本尼迪克特：《文化模式》，张燕、傅铿译，杭州：浙江人民出版社，1987年。

露丝·贝哈：《动情的观察者：伤心人类学》，韩成燕、向星译，北京：北京大学出版社，2012年。

马歇尔·萨林斯：《文化与实践理性》，赵丙详译，上海：上海人民出版社，2002年。

马正荣、马俐编：《贵州少数民族背扇》，贵阳：贵州人民出版社，2002年。

玛丽·道格拉斯：《洁净与危险》，黄剑波、卢忱、柳博赟译，北京：民族出版社，2008年。

鸟居龙藏：《苗族调查报告》，国立编译馆译，贵阳：贵州大学出版社，2009年。

欧文·戈夫曼：《日常生活中的自我呈现》，黄爱华、冯钢译，杭州：浙江人民出版社，1989年。

潘桂芳：《贵阳花溪花苗服饰》，北京：九州出版社，2017年。

乔纳森·H.特纳：《现代西方社会学理论》，范伟达主译，天津：天津人民出版社，1988年。

乔纳森·特纳、简·斯戴兹：《情感社会学》，孙俊才、文军译，上海：上海人民出版社，2007年。

史华罗：《中国历史中的情感文化——对明清文献的跨学科文本研究》，林舒俐、谢琰、孟琢译，北京：商务印书馆，2009年。

宋红娟：《"心上"的日子——关于西和乞巧的情感人类学》，北京：北京大学出版社，2016年。

宋濂：《元史·本纪》。

王建民：《艺术人类学新论》，北京：民族出版社，2008年。

王先谦撰：《荀子集解》，济南：山东友谊书社，1994年。

维多克·特纳：《象征之林：恩登布人仪式散论》，赵玉燕、欧阳敏、徐洪峰译，北京：商务印书馆，2006年。

吴秋林：《美神的眼睛：高坡苗族背牌文化诠释》，贵阳：贵州人民出版社，2001年。

伍新福、龙伯亚：《苗族史》，成都：四川民族出版社，1992年。

徐吉军、贺云翱：《中国丧葬礼俗》，杭州：浙江人民出版社，1991年。

阎云翔：《私人生活的变革：一个中国村庄里的爱情、家庭与亲密关系：1949～1999》，龚小夏译，上海：上海书店出版社，2009年。

尤昱涵、何兆华：《中国贵州省施洞苗族围腰之研究》，贵阳：贵州大学出版社，2021年。

期刊

蔡熙：《苗族史诗〈亚鲁王〉的仪式叙事与治疗功能研究——基于文学人类学的分析视角》，《西南民族大学学报（人文社科版）》，2020年第2期。

陈沛照：《人类学视域中的唐村人情往来》，《广西民族研究》，2012年第3期。

崔荣荣、梁惠娥：《服饰刺绣与民俗情感语言表达》，《纺织学报》，2008年第12期。

何雪松：《迈向日常生活世界的现象学社会学——舒茨引论》，《华东师范大学学报（社会科学版）》，2000年第1期。

黄应贵：《关于情绪人类学发展的一些见解：兼评台湾当前有关情绪与文化的研究》，《新史学》，2002年第3期。

李利：《论情感人类学的两大研究范式》，《求索》，2012年第9期。

李娜等：《核心家庭对北京小学生习性养成的影响研究》，《教育教学论坛》，2013年第17期。

李宁阳、杨昌国：《传统的延续与现代的糅合——文化变迁视域下西江苗族婚姻文化的社会人类学考察》，《地方文化研究》，2020年第2期。

刘锋、徐英迪：《"射背牌"：婚外情的智慧处置》，《贵州大学学报（社会科学版）》，2011年第6期。

刘锋、吴小花：《苗族婚姻制度变迁六十年——以贵州省施秉县夯巴寨为例》，《民族研究》，2009年第2期。

卢燕丽：《侗族女性对刺绣的情感与认知——立足于三江县同乐乡的

艺术人类学考察》，《百色学院学报》，2010年第3期。

马威：《五十年来情绪人类学发展综述——心理人类学发展的趋势》，《广西民族研究》，2006年第3期。

马威：《情绪人类学发展百年综述》，《世界民族》，2010年第6期。

彭凌燕：《苗族服饰中的色彩构成情感表现》，《美术大观》，2010年第5期。

宋红娟：《情感人类学及其中国研究取向》，《中南民族大学学报（人文社会科学版）》，2012年第6期。

宋红娟：《西方情感人类学研究述评》，《国外社会科学》，2014年第4期。

宋红娟：《迈向情感自觉的民间宗教仪式研究——以西和乞巧节俗为例》，《民族艺术》，2015年第6期。

孙璞玉：《丧葬仪式与情感表达：西方表述与中国经验》，《思想战线》，2018年第5期。

谭华：《贵州苗族服饰文化内涵的诠释》，《贵州大学学报（艺术版）》，2008年第3期。

吴秋林：《高坡苗族背牌文化研究》，《贵州大学学报（艺术版）》，2000年第4期。

项阳：《中国人情感的仪式性诉求与礼乐表达》，《中国音乐》，2016年第1期。

杨昌国、李宁阳：《历史·记忆·情感·符号——西江苗族服饰文化的文化人类学阐释》，《原生态民族文化学刊》，2020年第2期。

张晓：《传说、仪式与隐喻——基于苗族"独木龙舟节"的讨论》，《贵州民族研究》，2018年第8期。

周泓：《人类学的情绪与情感研究》，《地方文化研究》，2019年第

4期。

朱凌飞：《视觉文化、媒体景观与后情感社会的人类学反思》，《现代传播（中国传媒大学学报）》，2017年第5期。

左振廷：《苗族家族仪式的文化内涵与社会功能探析——以贵州白苗佐嗦仪式为例》，《西南民族大学学报（人文社会科学版）》，2020年第11期。

学位论文

郎丽娜：《高坡苗族"背牌"文化研究》，贵州民族大学硕士学位论文，2012年。

李利：《海南毛感高地黎族的情感研究》，上海大学博士学位论文，2011年。

彭阳：《符号与象征：剑河县苗族红绣、锡绣之图案研究》，贵州大学硕士学位论文，2016年。

魏亚丽：《情重网密：马坪壮欢的情感人类学分析》，广西师范大学硕士学位论文，2015年。

向霞：《土家族哭嫁习俗中女性情感表达与主体意识建构的人类学研究》，湖南师范大学硕士学位论文，2020年。

张桔：《大理白族绕三灵仪式中的老年人情感互动研究》，云南大学博士学位论文，2019年。

英文文献

图书

Catherine Lutz, Need, Nurturance, and the Emotions on a Pacific Atoll, in Joel Marks & Roger T.Ames（eds.）, *Emotions in Asian Thought: A Dialogue in Comparative Philosophy.* New York:State University of New York Press,1995.

George Casper Homans, *Social behavior: Its elementary forms.* New York: Harcourt, Brace & World, 1961.

Robert Desjarlais, *Body and Emotion: The Aesthetics of Illness and Healing in the Nepal Himalayas.* Philadelphia: University of Pennsylvania Press, 1992.

期刊

Catherine Lutz, Emotion, Thought, and Estrangement: Emotion as a Cutural Category. *Cultural Anthropology,* 1986（Vol.1）.

后　记

书稿如今得以刊印出版，实属快慰。这是对我们近三年以来田野调查和学术思考的总结与回报。每每回想起那些驻村的日子，心头不免泛起层层情感的涟漪，复杂而又单纯，静默而又欣喜。

与课题结缘，源于母校云南大学民族学一流学科建设这一契机，更源于我对苗族文化的理解与思考。当高志英老师邀请我加入"重访民族志"研究团队，承担苗族课题研究的时候，我有过犹豫，也有过担忧。重访不是单板地机械地重走前人的足迹，它需要有历史感和情境感的介入，要与前人有心灵上的沟通和交会，更要有设身处地的理解力和共情力。由此，重访是一项时代感研究，是审视"变"与"不变"的理解性研究。

通读鸟居龙藏的《苗族调查报告》时，我心生敬佩。敬佩他只身前往中国西南的胆量与勇气，也敬佩他对黔中苗族文化的敏感与执迷。重访需要回应，更需要对话。本书即是对鸟居龙藏所述黔中"蒙榜"（花苗）群体性格情感——阴郁特质进行的回应与思考。情感、交往、社会结构成为本书最重要的立足点和关照点。

情感既是个体的，也是群体的。这样的表述暗含着情感研究特有的文化分析的维度，也在某种层面拓展了情感表达的多向性。为了能真实呈现"蒙榜"苗族群体情感，我们把特定仪式中的服饰作为情感展现的窗口，在一针一线的缝制中，在情谊往来的馈赠中，在服饰经营的交易中，更在与先祖连接的时空中，体悟情感之味。

本书能够顺利完成，首先要感谢田野点淳朴的乡亲们（为保护受访者隐私，书中均已做匿名处理），没有他们的鼎力帮助，我们的调查恐难以开展，田野工作也无法顺畅进行。其次要感谢课题组参与前期调研的成员们，他们是吴照辉（华东师范大学民俗学专业在读博士研究生）、张建兰（中央民族大学政治民族学专业在读博士研究生）、邹先菊（贵州民族大学社会学专业在读博士研究生），以及贵州大学民族学专业的文露、徐庭胜、梅培琦等已毕业的硕士研究生。正是他们扎实有效的前期工作，为课题的开展和完成奠定了坚实的基础。特别要感谢东华理工大学的王微老师为本书苗族服饰研究提供相关资料及进行撰写工作。著者之一的胡易雷，以此选题完成了硕士毕业论文，获得了盲评及答辩评委老师的高度评价，对他来说，这是一次难得的学术锻炼。感谢贵州大学的刘锋教授和贵州民族大学的潘盛之教授对本课题开展提供的积极建议，以及对我本人的鞭策与督促。最后要感谢何明老师和高志英老师对我的信任和鼓励。

本书能够出版，离不开编辑老师们的辛劳付出，在此要真诚感谢吴俊杰老师对我的理解和帮助，也要感谢总编老师提出的修改意见，他们的敬业态度更让我感动。

我们的研究成果还存在着不足，真诚期盼学者同仁能多提宝贵意见！

靳志华

2023年2月于贵阳花溪